总主编　褚君浩

上海市2025年度创新生态建设计划"科普与科技传播"项目
（项目编号：25DZ2303400）

上海科普教育发展基金会2025年度科普公益项目
（项目编号：A202504）

崔猛　王张华　编著

Energy Footprints

上海教育出版社
SHANGHAI EDUCATIONAL
PUBLISHING HOUSE

丛书编委会

主　任　褚君浩

副主任　范蔚文　张文宏

总策划　刘　芳　张安庆

主创团队（以姓氏笔画为序）

王张华　王晓萍　王新宇　龙　华　白宏伟　朱东来

刘菲桐　李桂琴　吴瑞龙　汪　诘　汪东旭　张文宏

茅华荣　徐清扬　黄　翔　崔　猛　鲁　婧　褚君浩

编辑团队

严　岷　刘　芳　公雯雯　周琛溢　茶文琼　袁　玲

章琢之　陆　弦　周　吉

总序

　　科学就是力量，推动经济社会发展。

　　从小学习科学知识、掌握科学方法、培养科学精神，将主导青少年一生的发展。

　　生命、物质、能量、信息、天地、海洋、宇宙，大自然的奥秘绚丽多彩。

　　人类社会经历了从机械化、电气化、信息化到当今的智能化时代。

　　科学技术、社会经济在蓬勃发展，时代在向你召唤，你准备好了吗？

　　"科学起跑线"丛书将引领你在科技的海洋中遨游，去欣赏宇宙之壮美，去感悟自然之规律，去体验技术之强大，从而开发你的聪明才智，激发你的创新动力！

　　这里要强调的是，在成长的过程中，你不仅要得到金子、得到知识，还要拥有点石成金的手指以及金子般的心灵，也就是要培养一种方法、一种精神。对青少年来说，要培养科技创新素养，我认为这四个词非常重要——勤奋、好奇、渐进、远志。勤奋就是要刻苦踏实，好奇就是要热爱科学、寻根究底，渐进就是要循序渐进、积累创新，远志就是要树立远大的志向。总之，青少年要培育飞翔的潜能，而培育飞翔的潜能有一个秘诀，那就是练就健康体魄、汲取外界养料、凝聚驱动力量、修炼内在素质、融入时代潮流。

　　本丛书正是以培养青少年的科技创新素养为宗旨，涵盖了生命起源、物质世界、宇宙起源、人工智能应用、机器人、无人驾驶、智能制造、航海科学、宇宙科学、人类与传染病、生命与健康等丰富的内容。让读者通过透视日常生活所见、天地自然现象、前沿科学技术，掌握科学知识，激发探究科学的兴趣，培育科学观念和科学精神，形成科学思维的习惯；从小认识到世界是物质的、物质是运动的、事物是发展的、运动和发展的规律是可以掌握的、掌握的规律是可以为人类服务的，以及人类将不断地从必然王国向自由王国发展，实现稳步的可持续发展。

本丛书在科普中育人，通过介绍现代科学技术知识和科学家故事等内容，传播科学精神、科学方法、科学思想；在展现科学发现与技术发明成果的同时，展现这一过程中的曲折、争论；通过提出一些问题和设置动手操作环节，激发读者的好奇心，培养他们的实践能力。木丛书在编写上，充分考虑青少年的认知特点与阅读需求，保证科学的学习梯度；在语言上，尽量简洁流畅、生动活泼，力求做到科学性、知识性、趣味性、教育性相统一。

本丛书既可作为中小学生课外科普读物，也可为相关学科教师提供教学素材，更可以为所有感兴趣的读者提供科普精神食粮。

"科学起跑线"丛书将带领你奔向科学的殿堂，奔向美好的未来！

褚君浩

中国科学院院士

2020 年 7 月

如今，网络搜索引擎已成为我们解决问题的日常工具。但你可能不知道，这个看似简单的操作背后涌动着能量洪流。据测算，一次普通的网络搜索需要调动数万台服务器协同工作，其能耗可让一台 55 英寸的液晶电视工作半小时。我国网民每日发起数十亿次搜索请求，由此产生的一年耗电量超过三峡水电站的全年发电量。而当全国数亿网民同时刷短视频、发朋友圈或浏览微博时，支撑这些数字活动的数据中心所消耗的电量更是达到了惊人的规模。

在现代生态环境研究领域，"足迹"被用来描述人类活动对环境产生的痕迹或影响。这一概念将人类生活、生产过程中的能源消耗或温室气体排放转化为可视的"环境印记"——正如人行走时会在地面留下脚印，能源的使用同样会在地球上留下痕迹。单次能源消耗的"足迹"看似微小，可一旦在地区、国家乃至全球尺度上持续累积，其生态环境影响便不容忽视。

让我们借助 2024 年的现象级游戏《黑神话：悟空》一窥数字娱乐背后的能源足迹。以支持该游戏流畅运行的中端配置计算机（含处理器、显卡、硬盘等核心组件）为例，其平均耗电量约为每小时 0.5 度。根据官方资料和相关统计，完成游戏主线剧情需要约 40 小时，对应耗电量约为 20 度；若想达成游戏中的所有成就，则需要近 100 小时，耗电量将升至约 50 度。截至 2025 年 1 月，该游戏全球销量已突破 2800 万套。假设所有玩家都完成主线通关，累计耗电量将超过 5 亿度——而这仅仅是一款游戏所产生的能耗。

AI 技术的突飞猛进更是掀起了一场能源消耗的"指数级风暴"。以 ChatGPT 为例，为满足全球用户需求，其日均用电量已高达 50 万度。科学家预测，到 2027 年，全球 AI 产业年耗电量将达到 85—134 太瓦时（1 太瓦时相当于 10 亿度电），如此惊人的能耗规模令人咋舌。

纵观人类文明发展史，每一次重大跃迁都伴随着能源开发利用的革新——从蒸汽机活塞的轰鸣到数据中心服务器的嗡响，能源始终是推动社会进步的核心动力。如今，站在 AI 发展的潮头，地球生态系统的承载边界已清晰可见。

值得注意的是，能源消耗过程中产生的温室气体并非只有二氧化碳，还包括甲烷（CH_4）、一氧化二氮（N_2O）等，这些气体的"升温能力"各不相同。为便于比较，科学家将不同温室气体的增温影响统一换算为二氧化碳当量。随着 AI 的不断发展，预计到 2030 年，全球数据中心排放的二氧化碳当量将攀升至 25 亿吨，这一数字相当于美国 2022 年全年二氧化碳当量排放的 40%。

今天，AI 的兴起宣告未来已来。在这个科技与文明加速演进的时代，如何平衡社会进步与环境保护已成为全人类共同面临的重大课题。

本书将带领读者穿越能源文明的演进长廊，探寻能源足迹的奥秘，了解人类如何利用能源改造地球以及当前面临的挑战。当 AI 遭遇能源供给瓶颈时，我们该如何重构未来的能源版图？技术创新与可持续发展能否实现和谐共生？希望这场跨越时空的能源探索之旅能帮助你重新审视人类与地球的关系。

在本书编写过程中，我们尽可能选用权威机构发布的数据和最新研究成果。需要说明的是，由于不同机构与学者采用的统计方式与计算方法存在差异，部分用电量与碳排放数据可能有细微差别。为便于读者更直观地理解能源消耗、温室气体排放与全球环境变化之间的关系，本书将二氧化碳排放量作为主要讨论对象。尽管这种表述方式未能涵盖所有温室气体，但二氧化碳作为人类活动产生的主要温室气体，足以帮助我们理解能源消耗与环境变化的底层逻辑。如果你对相关内容感兴趣并希望深入了解，建议进一步查阅专业书籍或资料。科学的世界广阔而深邃，愿本书成为你探索能源奥秘的起点！

作者

2025 年 5 月

目录

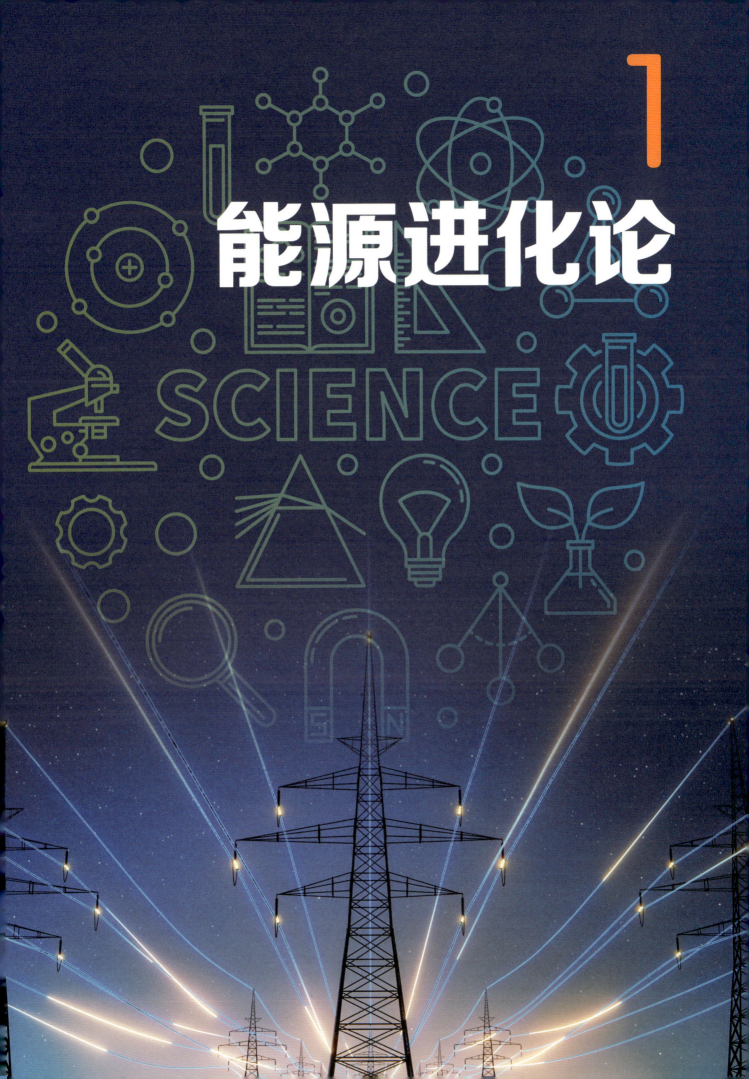

能源进化论

SCIENCE

1

薪火纪元

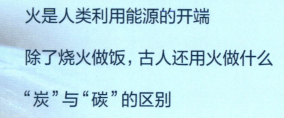

你将了解：

火是人类利用能源的开端

除了烧火做饭，古人还用火做什么

"炭"与"碳"的区别

恩格斯曾说："就世界性的解放作用而言，摩擦生火还是超过了蒸汽机，因为摩擦生火第一次使人支配了一种自然力，从而最终把人同动物界分开。"人类首次系统性地使用火种堪称一大突破性变革。它不仅改变了能量获取方式，更重塑了地球的物质循环体系。通过燃烧，那些经由植物亿万年光合作用封存的太阳能以热能的形式瞬间释放。从此，我们赖以生存的地球环境发生了不可逆转的改变。

自然的馈赠

在漫长的进化过程中，人类主要依赖两大基础能源系统维持自身的生存和繁衍：一是通过食物链传递的生物能（每克碳水化合物约含 4 千卡热量），二是通过燃烧获取的热能（每千克木材约产生 16000 千焦热量）。这两种能量形式共同构成了早期文明的基石：前者维持个体代谢（成年人日均需摄入约 2000 千卡热量），后者驱动群体进化。比如，食用火焰制作的熟食使人类肠道缩短、脑容量增大。又如，火焰产生的高温可用于烧制陶器（良渚文化黑陶的烧制温度高达

1000 ℃左右）和冶炼金属（青铜器冶炼需维持 800 ℃以上的高温），为人类社会提供必要的生产和生活工具。

地层中的炭化痕迹勾勒出人类早期驯服火焰的壮阔史诗。在云南元谋人遗址（距今约 170 万年）的第四纪红色黏土层中，科研人员检测到了集中分布的烧骨碎屑。山西西侯度遗址（距今约 243 万年）则保存着迄今为止最古老的人工用火证据——烧骨。

让我们再将目光投向 50 万年前的北京周口店龙骨山洞穴，一幅更加系统的用火文明图景映入眼帘：厚达 6 米的灰烬层如年轮般清晰可辨，灰烬、烧石和烧过的朴树籽有序分布。这表明当时的"北京人"已能熟练控制燃烧强度，并掌握了用火技术。

人类获取火种的历程本质上是一场能量捕获技术的原始突破。据推测，早期人类使用的火来自雷电引发的森林火灾。由于自然火发生的频率极低，这些偶然获得的火源显得弥足珍贵。如何保存自然界的火源，使其久燃不熄，同时避免引发火灾，成为原始人类面临的一大挑战。

20 世纪，我国科学家采用古地磁方法测定西侯度遗址距今约 180 万年。但 2020 年最新同位素测年结果显示，该遗址距今约 243 万年。

中国猿人北京种简称"北京人"，其发现为人类起源提供了大量具有说服力的证据。1987 年，周口店北京人遗址被联合国教科文组织列为世界文化遗产。

作为周口店北京人遗址的核心区域，猿人洞的保护工程将自然与设计完美融合，采用大跨度弧形钢结构，其造型随山势起伏呈不规则形状，堪称文化遗产保护的典范之作。

能源足迹

太平洋曼加伊亚岛上的原住民认为，他们的祖先从野火中获得火种用于烧饭，一旦火焰熄灭便无法重新点燃。非洲刚果谷地的巴尚阿部落也有类似的传说，他们的祖先虽然从闪电引发的大火中获得火种，但并不具备自主生火的能力。这种害怕失去火种的状态可能持续了100多万年。直到旧石器时代晚期（约5万至1万年前）人类发明了钻木取火，这场"保火运动"才迎来根本性突破。这项创举首次赋予了人类按需获取能源的能力，开启了人类主动调控能量转化的新纪元。

卡路里与焦耳的换算及应用

卡路里（cal）与焦耳（J）都是能量单位，但两者的使用场景有所不同。

1卡路里是指在1个标准大气压下使1克水升高1℃所需的能量。营养学中常用大卡（Cal）或千卡（kcal）表示，1大卡等于1000卡路里（即1千卡）。焦耳是国际通用的能量单位，广泛应用于物理学和化学领域。1千焦（kJ）等于1000焦耳。我国食品包装上的能量值通常以千焦标注。

1卡路里约等于4.184焦耳，因此1大卡约等于4.184千焦。以一块20克的士力架为例，其包装上的能量说明为每100克含2038千焦，经换算可知这块士力架含有约97.4大卡（即97.4千卡）能量。

烈焰重塑自然图景

自然界的火，既能摧毁，又能催生。许多古老文明都将火作为改造自然的工具，由此塑造了丰富多样的生态景观。

澳大利亚原住民以火攻的方式捕猎袋鼠

澳大利亚原住民发明的"火耕"（Fire-stick Farming）技术堪称典范。这种数万年前就出现的技术类似"刀耕火种"中的"火种"，即通过小规模的控制性燃烧，将大地划分为不同的火斑区域，创造出多层次的生态景观。这种做法不仅能更新土壤养分，促进植被快速恢复，优化狩猎资源分布，还降低了大火蔓延的风险。

北美原住民同样精通用火之道。他们通过计划性烧荒，有意识地清除过密的灌木与枯叶，从而激活森林和草原的自然演替。这种控制性燃烧既能维护生态系统平衡，促进生物多样性，又能有效减少因燃料堆积而引发的灾难性野火。

以上传统的火管理策略体现了古人对自然规律的深刻认知。他们并非简单地放火焚烧，而是在充分理解火与植物、动物之间微妙关系的基础上，运用火焰重塑生态结构，增强环境的多样性与韧性。如今，在全球气候变暖的趋势下，野火发生的风险上升，科学家正试图从这些古老的智慧中汲取灵感，探索如何将控火技术合理应用于现代环境管理。

烧木留性

东汉许慎《说文解字》云："炭，烧木留性，寒月供然（燃）火取暖者，不烟不焰，可贵也。"这句话的意思是：木炭由木材烧制而成，既保留了木材燃烧供暖的特性，又无浓烟和明火，是冬季取暖的理想选择。从现代科学角度看，木炭是木质纤维在缺氧条件下经高温分解形成的多孔碳材料，燃烧温度可达 800 ℃—1200 ℃，且烟尘排放量远低于原木。凭借高热值、易储存的特性，木炭成为贯穿古代文明的核心能源载体，深刻影响了人类发展史。

我国是世界上最早生产和烧制木炭的国家之一。考古证据表明，早在新石器时代仰韶文化时期（约公元前 5000 年至公元前 3000 年），我们的祖先就已经掌握了系统制炭工艺。商周至春秋战国时期，木炭被广泛应用于青铜器和铁器的冶炼。到了宋代，人们甚至将木炭与硫黄和硝石混合制成火药。明代科学家宋应星曾在《天工开物》中详细记载了火药的配制比例，并指出不同木材烧制的木炭对火药威力有着显著影响。

古人很早就发现，因烧制方法和条件不同，木炭具有不同的物理和化学性质。他们根据木材特性、烧制温度，制造出品质、用途各不相同的多种木炭。其中，白炭主要由硬阔叶木材经高温烧制而成，特点是燃烧时间长、无污染、无味，但容易受潮；黑炭由软阔叶木材烧制而成，容易点燃且伴有烟雾。除了木炭之外，还有由竹类烧制而成的竹炭。我国的四川省是竹资源大省，盛产具有易燃、无烟、耐久特性的优良竹炭。

碳是一种化学元素，既是有机化合物的基本成分，也存在于许多无机化合物中。而炭特指碳的一种形态，如木炭、活性炭等，主要由碳元素构成，通常由木材或其他有机物在高温下经不完全燃烧制得。

仰韶文化因发现于河南省仰韶村而得名，距今约 7000—5000 年，是中国新石器时代一个重要的文化发展阶段，也是中国第一个以遗址地命名的考古学文化。

竹与竹炭

活性炭的前世今生

当我们在新装修的房子里闻到刺鼻的气味时，常常会使用活性炭包来净化空气。那么，这种黑色颗粒为何能成为"空气清道夫"呢？让我们从结构特性与历史发展两方面来探寻答案。

从名字上不难猜出，活性炭实际上是一种木炭的深加工产品。其高度发达的孔隙构造提供了巨大的表面积——1 克活性炭的展开面积相当于 5 个篮球场（约 2000 平方米）。这些孔径小于 1 微米的孔隙能捕捉甲醛、苯等有害分子，其吸附能力可达普通木炭的数十倍。

炭粉和木炭

早在 1773 年，瑞典化学家舍勒就发现木炭具有特殊的吸附能力。后续研究表明，活性炭不仅能吸附蒸气和有机化学物质，在水溶液脱色方面也具有显著成效。活性炭的大规模应用始于第一次世界大战。当时交战双方使用了数十种毒气，颗粒活性炭作为吸附剂被用于制造军用防毒面具。战时发展壮大的活性炭产业推动了战后活性炭的商业化生产及应用。

现代工业中，活性炭并不一定非要通过烧木头获取，可以由煤、石油等含碳原料经过一系列复杂的化学反应加工制成，甚至连椰子壳这样的农业废弃物也能成为制备活性炭的原料。如今，活性炭已在食品加工、水处理、医药卫生、化工冶炼等诸多领域得到广泛应用。其中，水处理是当前活性炭应用的最大市场。随着全球环保力度的不断加大，活性炭行业的生产能力及市场规模持续扩大。值得一提的是，目前我国的活性炭产能已接近全球总产能的一半。

黑金时代

你将了解：

世界名画也是空气质量报告

煤炭是如何形成的

煤炭的兴衰史

《煤溪谷之夜》描绘了最早应用焦炭冶铁技术的工厂之一——煤溪谷炼铁厂（Coalbrookdale Works）。这幅画以震撼的视觉语言展现了工业革命的能量觉醒：炽热的铁水喷涌而出，照亮了炼铁厂所在地什罗普郡的夜空。作为英国最长河流塞文河的航运枢纽，煤溪谷不仅拥有丰富的煤铁矿藏，还凭借内河运输的便利性优势，成为英国工业革命最早的发源地之一。然而，画中烟囱里冒出的浓烟其实是燃烧不充分产生的一氧化碳、硫化物、氮化物等有害物质。这些"恶魔之息"推动英国生铁产量在1750—1800年激增300%，却也导致当地酸雨频发。

法国画家菲利普·卢泰尔堡（Philippe Loutherbourg）于1801年创作的《煤溪谷之夜》（*Coalbrookdale by Night*），现藏于伦敦科学博物馆

远古的"能量胶囊"

地壳运动是由地球内部各种力量引起的构造运动，主要表现为地壳结构的改变和位置的变化。这种运动不仅能推动大陆、洋底的生长与消亡，形成高山和海沟，还会引发地震、火山喷发等自然灾害。

沉积作用是指被外力搬运的物质在条件适宜的地方发生沉淀、堆积的过程。例如，流水搬运的物质会在河口处因水流速度减慢而发生沉积，风搬运的物质则可能因风力减弱或遇到障碍物而发生堆积。

煤炭是地球上储量最大、分布最广的化石能源之一。如今我们使用的煤炭，本质上是封存着远古阳光的"能量胶囊"，是植物历经亿年蜕变后留下的珍贵馈赠。正是这种跨越时空的能量传递，铸就了工业文明的辉煌篇章。

数亿年前，繁茂的森林在沼泽地带生长、死亡，层层堆积的植物残骸在潮湿缺氧的环境中逐渐转化为松软的泥炭。这一过程如同大自然的保鲜术：当植物遗体被泥沙覆盖后，微生物的分解速度减缓，有机物得以保存。随着地壳运动和沉积作用，泥炭层被深埋至地下。地球内部是一个天然的"高压熔炉"，越到深处，压力越大，温度越高。在持续高温、高压的共同作用下，泥炭逐渐变成低煤化度的褐煤。随着埋藏深度的增加，温度和压力进一步上升，褐煤又逐步变成煤化度更高的烟煤和无烟煤，也就是我们现在使用的煤炭。

《山海经·西山经》将煤炭称为"石涅"，魏晋时期则称为"石墨"或"石炭"。考古证据表明，沈阳新乐遗址早在公元前4000多年的新石器时代就已出现用煤炭雕刻的装饰品。春秋战国时期，煤炭开始被用作燃料。我国古代地理名著《水经注》记载：

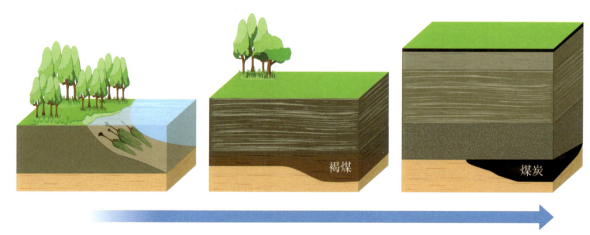

树木被埋藏　　　　　　在高温、高压的作用下，死亡的植被逐渐变成煤炭

褐煤　　煤炭

数百万年以上

煤炭的形成

"屈茨北二百里有山，夜则火光，昼日但烟。人取此山石炭，冶此山铁。"这段话证实当时我国已出现露天煤矿开采。然而，受限于古代落后的生产力，煤炭开采始终面临巨大的困难：采掘深度通常只有数米，年开采量不足百吨，想要挖掘地下深处的煤矿更是天方夜谭。因此，古代的煤炭利用十分有限，处于一种"望煤兴叹"的局面。

尽管许多历史资料表明我国是最早将煤炭作为燃料使用的国家，但煤炭作为工业燃料的广泛应用却始于近代欧洲。18世纪兴起的英国工业革命彻底改变了人类社会的生产生活方式：机械动力大规模取代手工劳动，机器生产占据主导地位。在此过程中，蒸汽机的发明和普及使木材无法满足日益增长的能源需求，而煤炭凭借其高热值特性迅速崛起，成为"能源之王"。这标志着人类能源结构的第一次革命性转变：从以木炭为代表的生物质能转向以煤炭为代表的矿物能源。

煤矿里的蒸汽革命

与伐木制炭相比，煤矿开采的难度要大得多，整个过程涉及通风、排水、照明、运输等多个环节。其中，矿井通风系统的建设至关重要。一个完善的通风系统必须实现两大功能：一是持续为矿工提供氧气，二是及时稀释并排出矿井中的有害气体和粉尘。此外，良好的通风还能有效调节矿井内的高温高湿环境，保障矿工的健康。

另一个棘手的问题是矿井积水。随着开采深度不断增加，大量地下水在矿井中积聚，不仅严重影响开采作业，更时刻威胁着矿工的生命安全。17世纪，矿井排水主要靠马拉动辘轳汲水。一个矿井往往需要动用数十匹马来完成这项工作，效率低下且成本高昂。为了解决这个难题，英国军事工程师托马斯·萨弗里（Thomas Savery）发明了一台用于排水的蒸汽机。

这是世界上第一台可实际应用的蒸汽机。1698年7月，这台被称为"矿工之友"的蒸汽机成功获得专利授权。萨弗里蒸汽机的工作原理如下：先使蛋形容器充满蒸汽；然后关闭进气阀，通过喷淋冷水使蒸汽冷凝，在容器内形成真空；接着打开进水阀，利用内外气压差，将矿井中的积水吸入容器；之后关闭进水阀，重新打开进气阀，借助蒸汽压力将容器中的水通过排水阀排出。如此循环往复，便可实现连续汲水。不过，该蒸汽机存在明显的缺陷：一是其运行需要大量蒸汽，导致燃料消耗巨大；二是实际汲水深度通常不超过10米；三是高压蒸汽存在安全隐患。

萨弗里蒸汽机示意图

1712年，英国工程师托马斯·纽科门（Thomas Newcomen）在前人研究的基础上，成功制造出大气常压蒸汽机，即纽科门蒸汽机。该蒸汽机的主体结构包括锅炉、竖直气缸、活塞和杠杆

能源足迹

纽科门蒸汽机 3D 模型

系统。锅炉产生的蒸汽通过阀门进入气缸，将活塞推至顶部；随后蒸汽阀门关闭，气缸顶部的喷水装置喷射冷水，使蒸汽迅速冷凝，在气缸内形成接近真空的低压环境；此时外界大气压力推动活塞向下运动，通过横梁杠杆带动另一端的抽水泵，将矿井中的积水排出；完成一次抽水后，蒸汽阀门重新打开，蒸汽再次进入气缸，推动活塞上升，同时冷凝水排出，如此循环往复。

　　相较于萨弗里的"矿工之友"，纽科门蒸汽机依靠大气压力而非高压蒸汽驱动，不仅安全性高，效率也大幅提升。这一重要发明很快在英国各地推广使用，被誉为"开启英国采矿和商业利益新时代的机器"。后来，苏格兰工程师詹姆斯·瓦特（James Watt）对蒸汽机进行了一系列改良，使其工作效率更高、燃料消耗更少，并将蒸汽机的应用范围拓展至纺织、铁路、船舶、磨坊等多个行业。可以说，英国工业革命本质上是一场不断发展的"蒸汽革命"。

瓦特蒸汽机模型

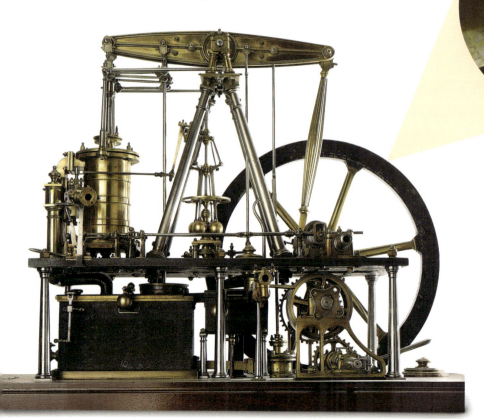

瓦特成功改良了纽科门蒸汽机，使工厂选址不再局限于河流附近。此外，他还提出了"马力"的概念，用来描述蒸汽机相对于马匹拉力的功率。为纪念他的杰出贡献，国际单位制将功率的单位命名为"瓦特"。

煤矿里的金丝雀

英语中有一个类似谚语的表达——canary in the coal mine，字面意思是"煤矿里的金丝雀"。乍看之下，金丝雀和煤矿似乎毫不相干，其实它们背后隐藏着一段真实的历史。

20世纪初，英国的煤矿开采环境极为恶劣。矿井中充斥着甲烷、一氧化碳等无色无味的有毒气体，矿工的生命安全时刻面临威胁。生理学家约翰·斯科特·霍尔丹（John Scott Haldane）在深入研究一氧化碳中毒机制后，提出了一个巧妙的解决方案——将金丝雀作为活体气体探测器。

金丝雀的呼吸系统对有毒气体异常敏感。当一氧化碳浓度达到危险水平时，它们会比人类更早出现中毒症状，从而为矿工争取宝贵的逃生时间。不过，这些小鸟并非单纯的牺牲品。当金丝雀昏迷时，矿工会立即将其转移至特制的氧气复苏箱中。通常只需几分钟，这些尽职的"矿工卫士"就能恢复意识，重返岗位。直到1986年电子气体检测仪普及后，这种充满智慧却又略显无奈的安全措施才正式退出历史舞台。

如今，"煤矿里的金丝雀"这个表达被广泛用于比喻某系统的早期预警信号，成为预示危机或变革的风向标。正如当年金丝雀守护矿工的生命一样，今天我们同样需要敏锐察觉那些可能预示环境变化的"金丝雀信号"。

配有氧气瓶的金丝雀复苏箱

雾都与孤儿

在19世纪的伦敦，随着人口激增和工业的迅猛发展，煤炭被大量用于取暖和生产。当煤炭燃烧产生的污染物与自然雾气相互交融时，便形成了著名的"伦敦雾"——它并非纯粹的自然现象，而是混杂着大量有害气体和粉尘。不过，在早期印象派画家眼中，这种独特的"雾"反而为他们捕捉光影变幻提供了天然画布。

法国印象派大师莫奈曾多次前往伦敦，专门描绘不同时间、不同光线下的雾景，仅滑铁卢大桥这一主题就创作了40余幅作品。他以独特的艺术视角，生动记录了19世纪伦敦工业化带来的大气污染现象。虽然莫奈并未直接表达环保主张，但他笔下的伦敦雾景真实再现了工业革命鼎盛时期的城市风貌，同时为后人思考能源利用与社会发展的关系提供了珍贵的历史资料。

能源足迹

法国画家克劳德·莫奈（Claude Monet）于1903年创作的《滑铁卢大桥：阳光效应》（*Waterloo Bridge, Sunlight Effect*），现藏于芝加哥艺术学院

让我们回到18世纪的英国。当时，英国拥有世界上规模最大的工人阶级群体。然而，随着大型机器的普及，工厂主对工人的依赖逐渐减弱。为了追求更高的利润，他们开始压低工资，无情地剥削底层劳动者。在那个时代，英国工人家庭每天的收入仅够勉强糊口，全家人常常只能靠面包度日。由于长期营养不良，婴幼儿死亡率居高不下，成为当时最令人痛心的社会悲剧。

进入19世纪，工业革命的阴影继续笼罩着英国社会。伦敦街头随处可见乞讨和偷窃的儿童，他们正是作家狄更斯笔下的"雾都孤儿"。这些孩子生活在社会最底层，饱受饥饿与贫困的折磨。相比之下，生活在煤矿附近的孩子们似乎"幸运"一些，因为他们至少还能找到一份"稳定"的矿工工作——尽管这份工作危险重重，常常以牺牲健康和生命为代价。

作为人类能源利用史上的重要篇章，煤炭时代不仅极大地推动了世界经济发展——其贡献远超过去数千年的总和，更显著地加速了全球工业化进程。然而，这一时代终将落幕。随着全球能源生产和消费结构的转型，英国煤炭控股有限公司于2015年宣布关闭旗下最后一个深层煤矿。这一决定标志着始于18世纪、持续300余年的英国煤炭工业正式退出历史舞台。

尽管煤炭在能源领域的地位正逐渐被清洁能源取代，但其在工业生产和化工制造中仍发挥着举足轻重的作用。煤炭不仅是合成橡胶、纤维、塑料、燃料等化工产品的基础原料，还是金属冶炼过程中不可或缺的还原剂。凭借其多用途特性，煤炭成为连接传统工业与现代化工的重要纽带。

这幅画描绘了19世纪初期英国童工在煤矿中劳动的场景

油气浪潮

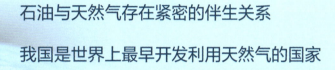

你将了解：

石油与天然气存在紧密的伴生关系

我国是世界上最早开发利用天然气的国家

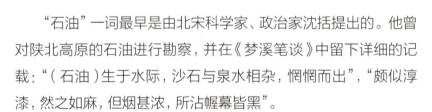

"石油"一词最早是由北宋科学家、政治家沈括提出的。他曾对陕北高原的石油进行勘察，并在《梦溪笔谈》中留下详细的记载："（石油）生于水际，沙石与泉水相杂，惘惘而出"，"颇似淳漆，然之如麻，但烟甚浓，所沾幄幕皆黑"。

这两句话的意思是：石油生于水边，与沙石和泉水混杂在一起，断断续续地流出；其外观像纯漆，燃烧时如麻秆，冒的烟很浓，沾染烟尘的帐篷都会变黑。沈括还尝试用石油燃烧产生的烟制墨，发现其色泽黑亮如漆，远胜当时流行的松烟墨。他观察到石油蕴藏丰富，可源源不断地开采，而用于制作松烟墨的松木资源却日渐枯竭，因此预言"此物（即用石油烟制成的墨）必大行于世"。

虽然沈括在千年前就提出可用石油烟制墨，但事实上人类对石油的发现和利用远早于他的时代。

沈括一生致力于科学研究，在诸多学科领域都有着深厚的造诣，被英国科学家李约瑟誉为"中国整部科学史中最卓越的人物"。其代表作《梦溪笔谈》集前代科学成就之大成，内容广博精深，在世界文化史上占据重要地位，被称为"中国科学史上的里程碑"。

能源足迹

从远古黏合剂到现代"能源之王"

沥青是一种天然存在或在原油加工过程中产生的有机物，常温下呈黑色至黑褐色的黏稠液体或半固体状态，因具有优异的防腐和防水性能，被广泛应用于道路工程建设。需要警惕的是，长时间暴露于受沥青污染的空气中，会对人体健康造成危害。

石油的使用历史可追溯至 4 万年前，当时的尼安德特人已懂得将锋利的石器用天然沥青固定在木头上制成工具或武器。公元前 1200 年，美索不达米亚地区的苏美尔人用沥青涂抹船只和房屋，以达到防水效果。公元 5 世纪左右，波斯帝国出现了手工挖掘的石油井。公元 8 世纪，巴格达的街道开始铺设取自露天油矿的沥青。到公元 9 世纪，阿塞拜疆首都巴库的油田开始开采轻质石油。然而，由于技术限制，人们在很长一段时间内都未能实现规模化开采。

现代石油工业的崛起始于 19 世纪中叶。1846 年，巴库建立了世界上第一口油井，但因当时开采设备落后，生产效率相对低下。1859 年，埃德温·德雷克（Edwin Drake）以蒸汽机为动力，在美国宾夕法尼亚州成功钻出世界上第一口机械化油井，这一事

1:1 还原的德雷克油井机房与井架

件标志着现代石油工业的诞生。随后在巴库建立的世界上第一座炼油厂，进一步推动了石油工业的发展。值得一提的是，德雷克及其后继者采用的冲击钻井法实际上起源于我国汉代。汉代通过人力和杠杆实现钻头升降，而19世纪蒸汽机的应用使该方法在效率上实现了质的飞跃。

该方法利用重物反复冲击岩石层。

19世纪末至20世纪初，随着汽油机和柴油机相继问世，全球范围内掀起了一股石油开采热潮。石油被誉为"工业的血液"，并逐渐成为工业社会的核心能源。到20世纪60年代，石油正式取代煤炭成为世界第一大能源，人类社会从此迈入油气时代。

内燃机分为汽油机和柴油机两类，分别以汽油和柴油为燃料。

油气藏的形成

从地质年代看，许多大型油田的地层形成于数亿年前，恰好与恐龙统治地球的时代重合，因此曾有人推测恐龙遗骸是石油的主要来源。但现代石油地质学研究证实，石油的形成机制远比这一假说复杂。事实上，石油与天然气往往相伴而生，都是由古代生物和植物残骸在特定地质条件下，经过数百万年甚至数亿年演化形成的。

一般认为，大部分石油和天然气来源于海洋和湖泊中的浮游生物、藻类及其他有机物质。当这些生物死亡后，其遗骸会沉积在水底，与泥沙混合形成富含有机质的沉积层。随着沉积物不断堆积，沉积层逐渐被深埋至地下，在持续上升的温度和压力作用下发生化学变化。最初形成的是一种被称为"泥源岩"或"原油母质"的蜡状物质。当埋藏到一定深度，温度达到60 ℃—120 ℃时，有机质进一步分解，形成液态碳氢化合物，即石油；如果温度超过120 ℃，则会发生更彻底的分解，形成气态碳氢化合物，即天然气。由此可见，石油和天然气的形成过程相似，但生成条件和最终状态有所不同。

石油通常在中等温度条件下形成，天然气则需要更高的温度，这解释了为何天然气往往形成于更深的地层。不过，尽管石油与天然气的形成主要受温度控制，但这并非唯一影响因素，实际形成过程更为复杂。

由于比周围的岩石轻，石油和天然气会通过多孔的储集岩（如砂岩或石灰岩）向上迁移。当遇到上方不透水的盖层（如页岩或盐岩）阻挡时，它们便会在储集层中聚集，形成可供开采的油藏或气藏。这个过程往往需要数百万年甚至更长时间。

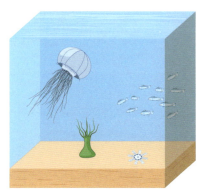
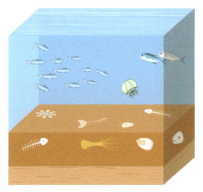
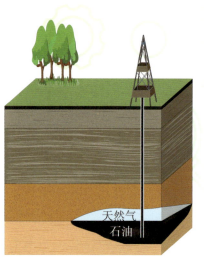

数百万年 　　　　　　　　　　　　　　　　　　　　　现在

石油的形成

当地球打了一个"嗝"

　　天然气就像地球历时数百万年甚至数亿年打出的一个"嗝"。其主要成分为甲烷,通常蕴藏于油田、气田和煤层中。天然气的热值约为普通煤气的 3 倍,发电效率比传统燃煤发电高出 15%。相较于煤炭和石油,天然气燃烧产生的二氧化碳等污染物更少,因此被视为一种更清洁、高效的化石能源。

　　我国是世界上最早开发利用天然气的国家,其历史可追溯至 2000 多年前的战国时期。秦国蜀郡太守李冰在四川兴修水利时,偶然在盐井中发现天然气,遂将其称为"火井"。西汉时期,四川邛崃(古称临邛)的井盐生产者开凿了人类历史上第一口天然气井——邛崃火井,比西方国家足足早了 1800 多年。

汉代临邛古火井遗址

　　邛崃地区是四川盐业的中心,盐井与火井常常相伴而生。据《华阳国志》记载:"井有二,一燥一水。"其中,"燥"指天然气,"水"指卤水(即盐水)。这种"水火共生"的现象造就了当地独特的景观:一口井中同时喷涌出卤水与天然气。

　　古人采集天然气的方式原始而危险。《华阳国志》中有这样一段记载:"(临邛)有火井,夜时光映上昭。民欲其火,先以家火投之。顷许,如雷声,火焰出,通耀数十里。以竹筒盛其光藏之,可拽行终日不灭也。"这段文字生动再现了古人采集天然气的过程：先将火把投入井中，待爆炸声响起，烈焰冲天，再用竹筒收集残余的可燃气体，制成可随身携带、终日不灭的火源。邛崃火井的开凿与利用展现了我国古代劳动人民的智慧。他们仅凭简单的工具就实现了对地下天然气资源的勘探、开采和输送，并将其应用于盐业生产与日常生活。

天然气的规模化开采始于 19 世纪。1821 年，美国人威廉·哈特（William Hart）在纽约弗雷多尼亚钻出一口深约 8 米的井，并成功开采出大量天然气。后来，哈特创办了美国首家天然气公司——弗雷多尼亚天然气照明公司，这标志着天然气进入了商业化利用时代。

> 这口井被命名为"哈特井"，哈特也因此被誉为"美国天然气之父"。

随着技术的进步，天然气开采深度从数米发展到数千米，开采范围也扩展至页岩气等非常规天然气领域。但受限于输送技术，早期天然气仅能在开采地周边使用。直到 19 世纪末 20 世纪初，随着防漏管线连接技术的问世，人们终于实现了天然气的长距离输送。这一技术突破推动了天然气的大规模商业化应用，使其逐渐成为全球能源体系的重要组成部分。

> 页岩气是一种非常规天然气，具有清洁高效、储量大但开采难度大的特点。

冰与火的传奇

20 世纪 60 年代，科学家在海底钻孔中发现了一种外形酷似冰块的结晶物质。该物质在常温常压下会迅速融化，并释放出大量可燃气体（主要是甲烷），因而被称为可燃冰，学名为天然气水合物。

后续研究揭示，可燃冰是由水和天然气在低温高压条件下形成的笼形结晶化合物。在同等条件下，可燃冰燃烧释放的能量是煤炭、石油和天然气的数十倍，这一特性使其成为一种极具潜力的新兴能源。

可燃冰广泛分布于海洋大陆架和高纬度地区的永久冻土带

然而，由于形成条件特殊，可燃冰的商业化开采面临诸多技术挑战。我国在该领域取得多项重大突破：2017 年，在南海北部神狐海域首次试采成功；2020 年，在同一海域的第二次试采更是创下"产气总量 86.14 万立方米，日均产气量 2.87 万立方米"两项世界纪录。

电力革命

你将了解：

人类最早用瓶子储存电力

生活中各式各样的电池

我国首座发电厂诞生于上海南京路

人类对电的认知最早可追溯至 4000 多年前的古埃及。当时，尼罗河流域的居民观察到一种能放电的鱼，将其尊称为"雷的使者"，但对背后的原理一无所知。直到公元前 600 年左右，古希腊哲学家泰勒斯（Thales）发现，用毛皮摩擦后的琥珀能吸引羽毛等轻小物体。尽管受限于当时的科学水平，泰勒斯错误地将这一现象归因于琥珀的磁化，但他的发现首次揭示了静电的存在，为后世的电学研究奠定了基础。

1994 年，希腊邮政发行"欧罗巴：科学新成就"邮票，其中一枚展现了泰勒斯发现的摩擦生电现象。

电光初现

1600 年，英国物理学家威廉·吉尔伯特（William Gilbert）出版了第一部系统阐述磁学的著作《论磁》（*De Magnete*）。他指出，琥珀等材料经过摩擦可以吸引羽毛和小纸屑，并创造了一

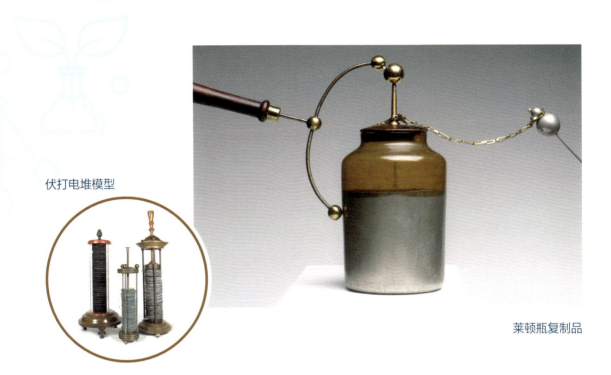

伏打电堆模型

莱顿瓶复制品

个新的拉丁语单词"electricus"（意思是"像琥珀一样"），用以描述这类能够产生吸引力的材料。这一术语后来演变为我们今天所熟知的"electricity"（电）。

1746 年，荷兰莱顿大学的彼得·范·米森布鲁克（Pieter van Musschenbroek）发明了人类历史上首个电能储存装置——莱顿瓶，极大地推动了电学研究。其中，最著名的当属本杰明·富兰克林（Benjamin Franklin）利用风筝捕捉闪电的尝试，但当时人们仍然无法制造并维持稳定的电能。

1800 年，意大利物理学家亚历山德罗·伏打（Alessandro Volta）研制出世界上首个电池——伏打电堆。这是一种将化学能转化为电能的装置，标志着人类首次能够获得相对稳定的电流。

1820 年，丹麦物理学家汉斯·克里斯蒂安·奥斯特（Hans Christian Ørsted）发现，当通电的金属线靠近指南针时，指南针指针会发生偏转，且偏转方向与金属线圈垂直。这一现象表明电流周围存在磁场。受此启发，英国物理学家迈克尔·法拉第（Michael Faraday）通过实验证明，磁同样可以转化为电。他将磁铁棒放入金属线圈中来回移动，观察到电流表指针发生偏转，这一现象后来被命名为"电磁感应"。基于电磁感应原理，法拉第发明了世界上第一台发电机。该装置通过在马蹄形磁铁的两极间

法拉第因在电磁学方面的伟大贡献，被称为"电磁学之父"。

转动铜盘，成功地将机械能转化为电能。

随着人工发电成为可能，如何将电力应用于照明成为新的挑战。早期的发电机靠人力驱动，不仅发电量小，供电也不稳定。直到 19 世纪末化石能源被引入发电机驱动系统，人类才终于获得相对稳定的电力供应。然而，稳定的电源只是第一步，要实现电力照明，还需要能够将电能转化为光能的设备。早期的照明设备是以碳棒为电极的弧光灯，光线刺眼，能耗过高，不适合家庭使用。为此，科学家开始研制更实用的照明设备。在爱迪生等人的不懈努力下，白炽灯这一划时代的发明应运而生。

19 世纪初，英国化学家汉弗莱·戴维（Humphry Davy）用伏打电堆和碳棒制成世界上第一盏弧光灯。

电流之战

提到特斯拉，大多数人会立刻联想到如今风靡全球的电动汽车品牌。其实，这个名字源于一位科学巨匠——尼古拉·特斯拉（Nikola Tesla）。

1856 年，特斯拉出生于奥地利帝国利卡县（今属克罗地亚）的一个塞尔维亚裔家庭。自幼对科学感兴趣的他于 1882 年远渡重洋来到美国，加入爱迪生的公司担任工程师。据说，当时爱迪生承诺，若能改进直流发电机的技术缺陷，将奖励特斯拉 5 万美元。凭借卓越的才能，特斯拉成功完成了这项任务。然而当他索要奖金时，爱迪生却以"你不懂美式幽默"为由拒绝兑现承诺。失望之余，特斯拉选择辞职，随后加入西屋电气公司，全身心投入到交流电系统的研发工作中。

交流电与直流电的本质区别在于电流的流动方向。交流电像海浪一样，电流方向不断来回变化；直流电则如单向流动的河流，始终朝着一个方向前进。直流电在传输过程中存在明显缺陷：当传输距离超过一公里时，电能损耗严重，电压急剧下降，导致终端照明设备亮度不足。当时，爱迪生的公司已在直流电系统投入巨资，不仅建设了直流发电站，还开发了大量配套设备。改用交流电意味着巨大的经济损失，因此爱迪生坚决抵制交流电。

1893 年芝加哥世博会，交流电大放异彩。开幕式当晚，西屋电气公司提供的交流电照明系统点亮了超过 20 万盏电灯，璀璨的灯光将整个会场照

特斯拉在展示交流电的优点

特斯拉在实验室里制造人工"闪电"

耀得如同白昼，赢得了广泛赞誉。1895年，交流电系统凭借其经济高效的特点，入选美国尼亚加拉发电站的发电机组。这一里程碑事件不仅标志着交流电成为全球电力传输的主流方式，更为持续多年的"电流之战"画上了句号。2017年上映的传记电影《电力之战》生动再现了特斯拉与爱迪生之间这场影响深远的科学较量。

1960年，国际计量大会在巴黎通过决议，将磁感应强度的国际单位命名为"特斯拉"，以纪念他在电磁学领域的卓越贡献。2003年7月1日，马丁·埃伯哈德（Martin Eberhard）和马克·塔彭宁（Marc Tarpenning）创立电动汽车公司时以特斯拉的名字命名，意在向这位伟大的发明家致敬，这就是我们今天所熟知的特斯拉公司。

生活中的电池

在我们的日常生活中，白炽灯、热水器、冰箱、洗衣机等家用电器直接使用交流电，电子设备则普遍依赖直流电。这是因为电子设备中的电子管或晶体管等核心元件需要稳定的直流电来驱动。这些直流电或通过整流器由交流电转换得到，或直接由电池提供。

整流是将交流电转换为直流电的过程。通过整流器，交流电的周期性波动得以"拉直"，变成适合电子设备的稳定直流电。然而，整流过程需要额外的设备，且效率有限。相比之下，电池作为一种便携式储能设备，可直接为电子设备提供直流电，因此成为更理想的选择。生活中常见电池的特点见表1。

表1 生活中常见电池的特点

类型	原理	优点	缺点	使用场景	寿命
干电池（碱性）	锌与二氧化锰在碱性电解液中反应	能量密度较高，放电性能好，不易漏液	成本相对较高，不可充电，电压随使用下降	手电筒、遥控器、玩具、时钟等中小功率电子产品	一次性使用，用完即弃
干电池（锌锰）	锌与二氧化锰在酸性电解液中反应	成本低廉，易于获取	能量密度较低，易漏液腐蚀设备，电压下降快	遥控器、钟表、计算器等低功耗设备	一次性使用，用完即弃
蓄电池（铅酸）	通过铅及其氧化物在硫酸电解液中进行可逆的化学反应实现充放电	成本较低，循环寿命较长，大电流放电性能好，安全性高	体积和重量大，含有腐蚀性液体，充电效率不高，过充/过放容易损坏	汽车启动电源、电动自行车等	3—5年（充放电约300—500次）
锂电池（锂离子）	通过锂离子在正负极材料之间移动实现充放电	能量密度高，体积小，重量轻，循环寿命长	成本较高，需保护电路防过充/过放，低温时性能受限	手机、笔记本电脑、电动汽车等	3—8年（充放电约500—2000次）

随着科技的进步，电池技术也在持续发展。从干电池到锂电池，电池的能量密度、使用寿命和环保性能都在逐步提升。未来，新型固态电池和氢燃料电池有望进一步改变我们的生活方式，为清洁能源应用和可持续发展带来更多可能性。

干电池只有 1 号、5 号和 7 号吗？

干电池横截面

当电视机遥控器没电时，我们通常会更换两节 7 号电池；当时钟停止转动时，则需要换上 5 号电池；偶尔遇到手电筒没电的情况，1 号电池就成了必需品。你是否感到好奇：为什么常见的干电池只有这三种型号？或是，为什么电池型号都是单数？

事实上，电池型号是按顺序命名的。从 1 号到 9 号型号的电池都可以在市场上找到。只是由于 1 号、5 号和 7 号电池在家庭中使用频率最高，才让人产生了"干电池只有这三种型号"的错觉。

我们常说的几号电池特指电压为 1.5V 的普通干电池。仔细观察可以发现一个规律：电池的号数与其体积成反比。1 号电池体积最大，9 号电池体积最小。这种设计让各类电子设备都能找到最合适的电源解决方案，为日常生活带来了极大便利。

电力百年路

我国电力工业的起源可追溯至晚清时期。由于当时正处于内忧外患之际，电力工业未能实现大规模发展。

作为东西方文化交融的前沿阵地，上海是西方科技最早传入中国的地区之一。1882 年，英国人立德尔从美国引进 12 千瓦发电设备，在上海南京路创办了中国第一座发电厂——上海电气公司。随后，他在外滩至虹口招商局码头之间竖立电线杆，架设 6.4 公里电线，点亮了 15 盏弧光灯。

上海电气公司的创立，让中国几乎与世界同时迈入电气化时代。这座发电厂的建成时间比世界上第一座发电站——法国巴黎北火车站电厂晚 7 年，但比爱迪生在美国纽约建立的珍珠街电站早 4 个月，比俄国圣彼得堡电厂早 1

优 秀 历 史 建 筑
HERITAGE ARCHITECTURE

南京东路 181 号

原为电力大楼（上海电力公司[美]）。哈沙德洋行[法]设计和承建，钢筋混凝土结构，1929-1931 年建造。装饰艺术派风格。立面强调竖向线条，转角塔楼和女儿墙饰几何图案装饰。外墙浅色面砖饰面。

Shanghai Power Company. Designed by Elliott Hazzard. Built in 1929-1931. Reinforced concrete structure. Art Deco style.

上海市人民政府 1999 年 9 月 23 日公布
Shanghai Municipal Government Issued on 23rd Sept. 1999

上海电力公司的前身为英商设立的上海电气公司。1882 年 7 月 26 日，上海电气公司正式投入商业化运营。

能源足迹

我国是全球唯一掌握特高压技术并商业化运营的国家

千瓦时（kW·h）是电能的常用单位，也就是我们日常说的"度"，表示功率为 1 千瓦的设备运行 1 小时所消耗的能量。

年，比日本东京电灯公司早 5 年。

辛亥革命前，我国仅有 80 座电厂，发电设备总容量为 3.7 万千瓦。历经近 40 年的曲折发展，到 1949 年中华人民共和国成立时，我国的电力事业终于迎来新生。统计数据显示：当时，全国发电设备总容量达到 185 万千瓦，年发电量为 43 亿千瓦时，分别位居世界第 21 位和第 25 位，但人均年用电量仅为 8 千瓦时，相当于一台家庭立柜式空调运行 4 小时的用电量。

进入 21 世纪，我国电力工业实现了跨越式发展。2011 年，我国发电量跃居世界第一；2018 年，我国电网最高电压等级突破 1100 千伏，刷新世界纪录……如今，我国已成为全球电力领军者，在风电并网、特高压直流输电工程建设、电源装机总规模、特高压交直流混合电网等多个领域均实现了全球第一。从清末的艰难起步到如今的全球领先，从 15 盏弧光灯到特高压电网，我国电力工业的发展既展现了科技的进步，又彰显了国家实力的提升。

自然超能力

2

SCIENCE

生物绿能的转化

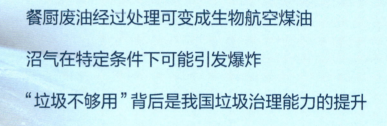

你将了解：

餐厨废油经过处理可变成生物航空煤油

沼气在特定条件下可能引发爆炸

"垃圾不够用"背后是我国垃圾治理能力的提升

化石能源的大量消耗不仅导致资源短缺，还引发了严重的环境污染问题，因此人类迫切需要开发新能源，尤其是可再生的清洁能源。既然化石能源是由亿万年前的动植物经过地质作用转化而成的，那么我们能否直接利用现存的动植物资源呢？答案是肯定的——这就是生物质能。

变"废"为"能"

生物质是指直接或间接通过光合作用形成的各种有机体，包括所有动植物和微生物。生物质能则是将太阳能以化学能的形式储存在生物质中的能量。这种能量可以转化为固态、液态或气态燃料，是一种取之不尽、用之不竭的可再生能源。

此外，生物质是唯一一种可再生的碳源。由于其原始能量来

碳源（Carbon Source）是指向大气中释放二氧化碳等温室气体的活动、过程或系统。

自太阳，因此从广义上看，生物质能是太阳能的一种表现形式。植物通过光合作用将太阳能转化为化学能并储存在有机体内，而人类通过燃烧、发酵或热化学转化等方式释放并利用这些能量。事实上，当远古人类第一次点燃树枝取暖时，就已经开始利用生物质能了。

地球上蕴藏着丰富的生物质资源。据生物学家估算，陆地每年生产的生物质超过 1000 亿吨，海洋每年生产的生物质也达到约 500 亿吨。全球生物质能年生产量远超世界能源总需求，相当于目前全球能源消耗总量的 10 倍。世界自然基金会（WWF）预计，全球生物质能潜在可利用量达到每年 82 亿吨标准油。生物质能的主要利用方式见表 2。

表 2　生物质能的主要利用方式

利用类型	典型原材料	原理	特点
直接燃烧	秸秆、木屑、薪柴等	高温氧化释放热能	简单成熟，但需控制污染
热化学转化	农林废料、有机垃圾等	高温分解产生可燃气体或生物油	能量密度高，产物可代替化石燃料
生物化学转化	畜禽粪便、餐厨垃圾等	微生物厌氧发酵产生甲烷或乙醇等	环保低碳
物理转化	木屑、秸秆等	压缩成型制作燃料	可提升能源密度，便于储存运输
综合化利用	农业残余物、有机废弃物等	集成多个相互关联的生产过程，实现能源多元化利用	资源最大化，可实现"零废弃"循环经济

在人类智慧的改造下，落叶、秸秆甚至牛粪等废弃物都可转化为能量。从一把火烧光到微生物发酵产沼气，再到高压压制秸秆颗粒燃料，生物质能的利用方式不断升级。这种兼具多样性与可再生性的能源已成为应对能源危机和气候变化的重要选择，并且以多元化的方式为地球的可持续发展贡献力量。

生物质颗粒燃料具有清洁环保、成本低、热效率高、取材便捷的特点

地沟油的"飞天梦"

你知道吗？曾经令人避之不及的地沟油，如今正以意想不到的方式飞向蓝天。经过一系列复杂工艺处理，浑浊的餐厨废油变成清澈的生物航空煤油，开启了航空燃料的低碳时代。

> 航空煤油简称航煤，是喷气式发动机的主要燃料。

与传统石油基航煤相比，生物航煤在全生命周期内可减少 50% 以上的二氧化碳排放。该技术不仅消除了地沟油重返餐桌的食品安全隐患，更为每年约 1000 万吨的废弃油脂找到了绿色归宿。以中石化镇海炼化公司的工业装置为例，其单套设备年处理量达 10 万吨，若满负荷运行，一年就能消化一座千万级人口城市产生的地沟油，真正实现变废为宝。

自 2008 年英国维珍航空完成首次生物燃料试飞以来，全球已有超过 45 家航空公司、累计 37 万架次航班使用这种绿色燃料。2015 年，挪威奥斯陆机场成为全球首个定期供应生物航煤的枢纽机场。2021 年，美国联合航空公司成功实现单发动机使用 100% 可持续航空燃料的载客飞行。我国在 2015 年就使用自主研发的生物航煤完成了首次商业载客飞行，成为全球少数掌握该

可持续航空燃料由可再生资源或废弃物制成

技术的国家之一。

当前，全球生物航煤产量仅占航煤总需求的 0.1%。据预测，即便所有在建项目如期投产，到 2030 年，生物航煤供应量也只能满足全球 1% 的需求。这一供需之间的巨大缺口揭示了地沟油转型为生物航煤的广阔前景。

这场始于地沟油的绿色革命正在重塑全球航空业的能源版图——随着越来越多的飞机搭载这种特殊燃料冲上云霄，人类距离绿色飞行的梦想又近了一步。

下水道里的"隐形炸弹"

你可能看到过这样的新闻：春节期间，某个贪玩的孩子将爆竹扔进下水道引发剧烈爆炸，造成严重的人员伤亡和财产损失。类似的事故几乎每年都会发生，罪魁祸首就是下水道里的"隐形炸弹"——沼气。

沼气是由污水中的有机物质在缺氧条件下分解产生的可燃气体，主要成分为甲烷和二氧化碳，同时含有少量硫化氢、氨气等。作为一种清洁能源，沼气既可用于日常生活中的烧煮和照明，又可用于禽类养殖中的孵化和雏鸟保温。这种可再生能源不仅减少了环境污染，还为农村地区提供了经济实惠的能源方案。

沼气孵鸡是一种以燃烧沼气为热源的新型孵化技术，具有投资少、节约能源、操作简便、管理方便、出雏率高等优点。

然而，沼气中的甲烷具有高度易燃性。当沼气与空气混合达到一定的浓度范围，即甲烷含量为 5%—15% 时，就进入了爆炸极限范围。此时若遇明火，会引发剧烈爆炸。以下水道爆炸事故为例：点燃的爆竹被投入下水道后，会使积聚的沼气燃烧，并迅速消耗周围的氧气。若沼气的浓度恰好处于爆炸极限范围，下水道内就会发生剧烈爆炸，其威力足以掀翻小轿车。这类爆炸不仅会严重损坏管道，还可能导致地面塌陷、建筑物受损，甚至引发火灾。此外，爆炸释放的有毒气体（如硫化氢）会对周边环境造成二次污染。

因此，燃放烟花爆竹时务必注意周围环境，尤其要避开下水道、化粪池等易积聚沼气的区域。唯有提高警惕，远离危险源，才能确保自己和他人的生命财产安全。

垃圾的"饥饿"困境

我们每天都会产生大量生活垃圾。填埋、堆肥等传统处理方式不仅占用土地资源，还可能造成环境污染，影响生活质量。然而近年来，我国不仅成功解决了垃圾治理难题，甚至出现了"垃圾不够用"的现象。这究竟是怎么回事？

事实上，我国早在 20 世纪 80 年代就开始引入垃圾发电技术。随着城市化进程的加快，一座座垃圾焚烧发电厂如雨后春笋般涌现。截至 2023 年，我国城市生活垃圾无害化处理率已达到 99.98％。垃圾焚烧发电不仅大大减少了土地占用，还能将垃圾转化为电能，实现资源循环利用。

但垃圾焚烧发电行业的快速发展也带来一个新问题：许多发电厂"吃不饱"了。数据显示，截至 2024 年 8 月，我国已建成 925 家垃圾焚烧发电厂，日处理能力达 104 万吨，年处理能力达 4 亿吨。而我国城郊地区年生活垃圾清运总量仅 3 亿吨，这意味着垃圾焚烧厂的处理能力远超实际垃圾产量，许多发电厂无法满负荷运营。

此外，垃圾分类的推广进一步加剧了垃圾焚烧厂的"原料荒"。以上海为例，自 2019 年实施垃圾分类以来，湿垃圾分出量大幅增长，干垃圾量则显著减少。从环保和经济角度看，垃圾分类的好处显而易见——湿垃圾得到了专业化处理，可回收物实现了资源再利用，剩下真正需要焚烧的垃圾量自然大幅下降。但这种转变导致垃圾焚烧厂的原料来源锐减，使其陷入"无米之炊"的困境。为维持基本运营，部分焚烧厂不得不采取间歇性停产或开挖填埋场旧垃圾等措施。这种做法不仅造成产能闲置浪费，还会带来污染物二次泄漏的风险。

垃圾焚烧发电厂

风生水起的律动

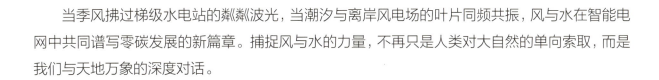

你将了解：

清洁的风能存在环境隐患

水力发电是一把双刃剑

当季风拂过梯级水电站的粼粼波光，当潮汐与离岸风电场的叶片同频共振，风与水在智能电网中共同谱写零碳发展的新篇章。捕捉风与水的力量，不再只是人类对大自然的单向索取，而是我们与天地万象的深度对话。

驭风发电

风能是空气流动所产生的动能，因分布广泛且无污染，被视为一种优质的清洁能源。有学者认为，只要将全球潜在风能的 20% 转化为电能，就能完全满足人类的能源需求。

风能是人类最早使用的能源之一。至少在 5000 多年前，我们的祖先就懂得如何借助风力推动帆船在海上航行。1500 年前，风车成为重要的动力装置。而将风能转化为电能的概念始于 19 世纪末。1887—1888 年，英、美两国分别进行了风力发电的尝试。1891 年，丹麦气象学家保罗·拉·库尔（Paul La Cour）创立了风力发电研究所。该研究所系统研发并建造了用于发电的风车，丹麦因此成为现代风电技术的摇篮。在经历了 20 世纪 70 年代的石油危机后，世界各国纷纷

能源足迹

开始寻找替代能源，风力发电由此成为重点开发领域。20 世纪80 年代，现代风能产业迎来蓬勃发展。

现代风力发电的核心是利用风力发电机将风能转化为电能。风力发电机的工作原理与电风扇恰好相反：后者通过电力驱动叶片旋转，从而产生气流（也就是风）；前者则利用风力驱动叶片旋转，通过转轴将动能传递至发电机，从而产生电能。

大型风力发电机的高度可达 50—100 米，多建于山顶、平原、海边等风力强劲且稳定的区域。其中，海上风电因不受地形阻挡且风力持续强劲，发电效率比陆上风电高约 50%。然而，风电产业发展也面临诸多挑战。例如，我国新疆、甘肃等西北地区虽然风能资源丰富，但因当地用电需求小，外送电力成本高，导致"弃风"现象严重，风能资源未能得到充分利用。

在技术创新、政策支持和成本下降等因素的推动下，风电已成为全球增长速度最快的新能源类型之一。国际可再生能源机构（IRENA）的数据显示：1990 年，全球仅有 16 个国家发展风电，总发电量约 36 亿千瓦时；到 2020 年，发展风电的国家增至 129 个，总发电量达到 1597 亿千瓦时。我国的海上风电发展尤为突出：截至 2024 年底，海上风电装机容量连续四年位居全球首位，累计并网容量超过第二至第五名国家的总和。目前，我国已形成从设计、制造到施工、运维的海上风电完整产业链，风机整机国产化率超过 90%，为全球风电产业发展作出了重要贡献。

弃风是指风电机组在正常运行的情况下，因当地电网的消纳能力不足或风力发电不稳定等原因，不得不停止运行，进而导致风能资源浪费的现象。

风力发电机为何转得如此慢？

在广袤的原野上，在蔚蓝的海面上，一座座巨大的风力发电机巍然矗立，修长的叶片缓缓转动。当你看到这一幕时，脑海中或许会浮现出一个疑问：为什么这些庞然大物的叶片转得如此慢？

风力发电机的发电量与涡轮机大小和叶片长度密切相关。现代风力发电机的叶片往往长达数十米，重量可达数吨甚至十余吨。叶片旋转时会产生巨大的离心力——若转速过快，可能导致叶片断裂或设备损坏。此外，高速旋转的叶片会像屏障一样阻挡空气的流动，导致风能利用率下降。为保证风力发电机的使用寿命，工程师必须在转速与效率之间找到最佳平衡点。

然而，精心设计的风力发电机在极端天气条件下仍面临严峻挑战。2024 年 9 月 6 日，超强台风"摩羯"在海南省文昌市登陆，中心附近最大风力达到 17 级以上（62 米 / 秒）。受此影响，木兰湾沿海的风电场有多台风力发电机被拦腰折断。事故原因主要有两方面：一是部分风机尚未通电，无法进行偏航操作以应对台风；二是台风风速超出风机的设计承受极限。尽管这些风机按照国际电工委员会（IEC）一类风电机组标准建造，能够承受 50 米 / 秒的 10 分钟平均风速，但仍然无法抵御"摩羯"的超强风力。

当清洁能源遇见海洋"哨兵"

碧海蓝天之间，成排的风力发电机正源源不断地生产清洁电力。然而，这道亮丽的风景线背后隐藏着一个不容忽视的生态问题——旋转的叶片在海风的侵蚀下会释放"绿色尘埃"。德国科学家通过实验发现，风机叶片表面涂层和玻璃纤维材料磨损产生的微颗粒正被海洋中的紫贻贝大量摄入。

紫贻贝被誉为"海洋生态系统工程师"，遍布全球海岸线，单只每天能过滤数十升海水。它们通过水中的颗粒物获取营养，同时也在默默地改善海洋水质。这种独特的生物过滤能力使其成为监测海洋污染的"哨兵"。

那么，紫贻贝接触这些微颗粒后会产生什么影响呢？研究团队模拟海上风电场的极端情况，将紫贻贝暴露于高浓度微颗粒环境中。两周后，检测结果显示紫贻贝体内的钡、铜等重金属含量显著上升。尽管它们的鳃丝仍保持规律开合，代谢机能看似正常，但精密仪器却捕捉到了乳酸等代谢物的异常波动。

这项研究揭示了绿色能源的复杂性。不同于直观可见的海上油污或塑料垃圾，这些"风电副产品"更具隐蔽性，可能通过紫贻贝进入食物链。考虑到全球贻贝年捕捞量高达数百万吨，这些携带重金属元素的贝类生物最终可能出现在人类的餐桌上。科学家强调，这一研究并非要否定海上风电的价值，而是为了提醒我们：每个环保决策都需要慎重权衡。

此外，风力发电设施通常建于风能资源丰富的草原、山区、高原和沿海岛屿，而这些地区往往是许多野生动物的栖息地和鸟类迁徙的重要通道。高耸的风力发电机可能对当地野生动物，尤其是飞行的鸟类和蝙蝠构成致命威胁。

风电场的建设和运营还会带来多方面生态影响：首先，施工活动可能改变地形地貌；其次，风力发电机运行时产生的噪声和振动会干扰动物的栖息环境，引起其行为变化。值得注意的是，风力发电还可能改变局部地区的气象条件。美国一项研究表明，风电场会导致夏季夜间地表温度异常升高，这是因为风力发电机的叶片搅动了大气逆温结构，破坏了原有的温度分布。

> 微颗粒的最小直径不足 5 微米，相当于头发丝的十分之一。

> 在某些天气条件下，近地面的大气结构会出现气温随高度增加而升高的反常现象，也就是"逆温"。

江河之力

　　水能是指天然水体所蕴藏的能量，主要包括水体的势能和动能。从广义上看，水能涵盖陆地河流的水能以及海洋的潮汐能、波浪能等；从狭义上看，则专指陆地河流的水能。我们常说的水力发电，正是将河流、湖泊等水资源的势能或动能转化为电能的发电方式。

　　水车是人类最早开发利用水能的工具之一。据测算，16架水车产生的能量每天可研磨出约4吨面粉。古埃及、古罗马以及我国汉代的历史文献中也都有利用水流驱动水车研磨谷物、灌溉农田的记载。

贵州肇兴侗寨的传统水车

　　俗话说："水往低处流。"水力发电的核心就是利用水位落差，通过水的流速和压力驱动水轮机旋转，将机械能转化为电能。为实现这一能量转化，水电站通常需要修建水坝，以拦蓄水流形成水库，并通过溢流坝、泄洪洞等泄水建筑物调节水量。1827年，法国工程师伯努瓦·富尔内隆（Benoît Fourneyron）发明了一台小型水轮机。这种能将水流的动能或势能转化为机械能的装置就是水力发电系统的核心设备，其前身正是古代的水车。

　　现代水力发电始于19世纪末。1878年，英国诺森伯兰的一个乡村小屋首次利用水电点亮一盏弧光灯。四年后，美国威斯康星州建成世界上第一座为私人和商业客户提供服务的水电站。我国水电事业起步于1912年建成的石龙坝水电站。这座位于云南昆明滇池下游的水电站历经百

昆明石龙坝水电站

年沧桑，至今仍在运行发电。

相比化石燃料发电，水力发电更加清洁环保，不会产生二氧化碳、二氧化硫等有害气体。以三峡水电站为例，其 2020 年的发电量相当于燃烧 3000 多万吨标准煤产生的电能，减少了近 1 亿吨二氧化碳以及数万吨氮氧化物和二氧化硫的排放。再如 2025 年开工建设的雅鲁藏布江下游水电工程，预计每年可替代 9000 万吨标准煤，减少二氧化碳排放 3 亿吨。

尽管水电在节约煤炭资源和减少温室气体排放方面表现突出，但其建设和运行仍不可避免会对生态环境和文化遗产造成一定影响。从生态角度看，大型水库建设可能引发连锁反应：库岸稳定性下降，诱发滑坡、塌方甚至地震；泥沙被水库拦截，导致下游及河口地区泥沙减少，破坏生态平衡；库区水流速度减缓，造成悬浮物和营养物质沉积，增加水体富营养化风险。在文化遗产保护方面，水库建设可能会损毁部分历史遗迹。例如，土耳其曾于 20 世纪 60 年代在其境内两河（幼发拉底河和底格里斯河）流

水体富营养化是指水体中氮、磷等营养物质含量过高，导致藻类及浮游生物迅速繁殖，进而引发水质恶化、生态系统失衡的水污染现象。

域修建水库，不仅影响了下游国家的水资源供应，还导致众多历史古迹被淹没。

要实现水电开发与环境保护的双赢，科学规划至关重要。在建设水电站前，必须对该区域的地质、水文、生态环境和历史文化等进行充分调研，确保选址科学合理。建设运营阶段则应采取生态调度、泥沙调控等技术手段，最大限度地降低水电开发对下游生态环境的影响。

> 雅鲁藏布江下游水电工程采用"截弯取直＋隧洞引水"的创新模式，与传统的水电站建设相比，将显著减少对地表生态环境的扰动。

鲟鱼生存启示录

2022 年 7 月 21 日，世界自然保护联盟（IUCN）更新濒危物种红色名录，宣布全球现存的 26 种鲟鱼均面临灭绝威胁。其中，长江特有物种白鲟（*Psephurus gladius*）被正式宣告灭绝，长江鲟（*Acipenser dabryanus*）被列为野外灭绝。白鲟的灭绝意味着这个在地球上生存了上亿年的古老物种彻底消失，而长江鲟的野外灭绝表明其自然种群已无法在野外环境中独立生存。更令人担忧的是，目前仍维持"极危"（可能灭绝）等级的中华鲟，其生存状况同样岌岌可危。

鲟鱼被认为是"世界上最受威胁的类群"，其生存危机不仅反映了物种本身的困境，更折射出全球淡水生态系统持续退化的严峻现实。IUCN 报告指出，水坝是鲟鱼面临的主要威胁之一，这些大型人工屏障阻断了鲟鱼的迁徙路线，破坏了其繁殖和觅食所需的生态条件。

由此可见，减少水坝对生态的破坏、改善河流连通性、加强栖息地保护，是拯救濒危水生生物的关键。

令人欣慰的是，2025 年 4 月，长江鲟保护工作取得重大突破。经过科研人员多年的不懈努力，人工投放的长江鲟首次在赤水河实现自然产卵 20 万枚，这让我们看到了长江鲟野外种群重建的希望。而科研机构之所以选择赤水河作为投放地，是因为它是长江上游唯一一条未修建水坝的大型支流，具有较好的河流生态系统，被誉为"长江上游珍稀特有鱼类最后的庇护所"。

白鲟示意图

海洋的脉动

　　地球表面 70% 以上被海洋覆盖，海水以潮汐、波浪、洋流等形式不停地运动着。开发利用海洋能对缓解能源危机、改善环境具有重要意义。然而，与相对成熟的风能、太阳能相比，海洋能开发仍处于起步阶段。

　　海洋能主要包括潮汐能、波浪能、温差能、盐差能和海流能等。从广义上说，它还包括海洋上空的风能、海洋表面的太阳能以及海洋生物质能。目前，潮汐能是应用最广泛的海洋能形式。

　　潮汐是海水在太阳和月球引力作用下产生的周期性涨落现象，你可以将其理解为海水在地球表面的"呼吸"或"律动"。当太阳和月球与地球处于同一直线上时，两者对地球的引力叠加，形成大潮；当太阳和月球相对地球的位置处于垂直状态时，两者对地球的部分引力相互抵消，形成小潮。

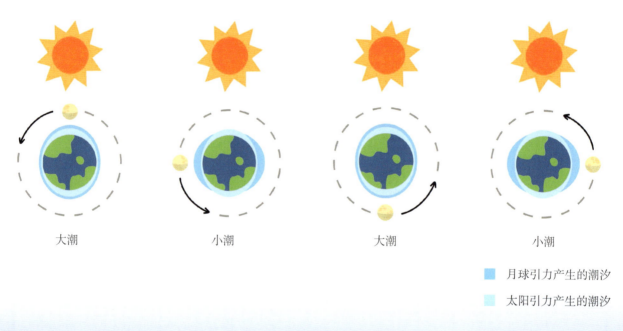

大潮　　　　　　小潮　　　　　　大潮　　　　　　小潮

■ 月球引力产生的潮汐
■ 太阳引力产生的潮汐

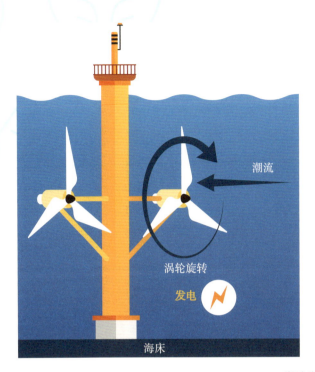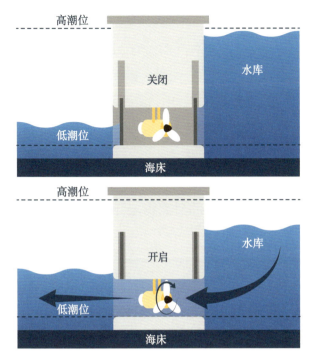

潮汐发电原理

由于太阳和月球的运动规律是可预测的，潮汐能成为一种稳定的能源。潮汐发电站通常由水库、涡轮发电机组和双向水闸组成。其工作原理是：涨潮时，大量海水涌入水库，此时并不发电；落潮时，海水通过水闸排出，驱动涡轮机发电。现代潮汐发电站多采用双水库设计，即建造两个相邻的水库，通过调节水位差实现全天候持续发电。

潮汐能的开发利用有着悠久的历史。早在 10 世纪，意大利威尼斯和英国多佛港就出现了潮汐磨坊。20 世纪初，德国在北海海岸建立了世界上第一座试验性的潮汐发电站。1966 年，法国朗斯潮汐发电站投入运营，成为当时全球最大的潮汐发电站。作为海洋大国，我国海岸线漫长，潮汐能资源丰富。据测算，我国的潮汐能理论蕴藏量超过 1 亿千瓦，其中福建、浙江两省的潮汐能资源占全国总量的 80% 以上。

然而，并非所有地方都适合开发潮汐能。潮汐发电需要显著的潮差，通常要求高潮与低潮之间的水位差达到数米。此外，有利的地形（如海湾或河口）和稳定的海床也是潮汐能开发的关键。以我国第一座涨潮、落潮双向发电的潮汐能电站——江厦潮汐试验电站

> 潮汐磨坊，就是利用潮汐涨落驱动的水力磨坊。

能源足迹

为例，它坐落于浙江省温岭市乐清湾，这里的最大潮差超过 8 米，且港湾封闭，是潮汐发电的理想场所。海水的周期性涨落为电站提供了稳定的能量来源。涨潮时，海水涌入江厦港，驱动水轮机反向旋转发电；落潮时，海水从港湾退出，推动水轮机正向旋转发电。这种双向发电模式显著提高了发电效率。江厦潮汐试验电站每天可连续发电长达 15 小时，年发电量超过 1000 万千瓦时。

潮汐发电不受天气和气候条件制约，也不占用陆地资源，避免了大规模移民或填海造陆引发的社会与环境问题。然而，潮汐发电站建设仍可能对生态环境造成影响：一方面，在有潮汐的河口建堤坝可能导致泥沙淤积，需定期疏通以保障电站正常运行；另一方面，潮汐坝可能会阻断鲑鱼等洄游鱼类的迁徙路线，从而影响其生命周期。

风浪越大电越多

2022 年，瑞典 CorPower 公司推出首个商业规模的波浪能转换器 C4。该装置可将海浪的能量高效地转化为电能，发电量是普通海上风力发电的 5 倍以上，可以说是世界上同等体积设备中功率输出最大的波浪能发电装置。

C4 的核心技术在于其独特的波浪能转换机制。装置内部搭载的精密机械系统能将海浪的上下起伏运动转化为旋转动能，进而驱动发电机产生电能。与传统波浪能设备相比，C4 在强风浪条件下的表现更为出色，发电效率显著提升。此外，C4 的结构设计兼具坚固性与轻量化，能快速地大批量生产，降低了部署成本。

目前，C4 已在葡萄牙和英国海域投入使用。这些试点项目不仅验证了 C4 的技术可行性，更为其未来的大规模商业化应用奠定了基础。随着全球对清洁能源的需求不断增长，波浪能作为一种可持续能源形式正日益受到重视。

太阳与大地的馈赠

你将了解：

我国最大的光伏发电站是一个牧场

地热资源的多种用途

苍穹之上，太阳以每秒 3.8×10^{26} 焦耳的能量倾泻馈赠；地壳深处，地球用积存 46 亿年之久的热量温柔低语。当光伏板将光子转化为跃动的电子，当地热井将温暖送至千家万户，人类同时握住了这两种来自天地的能源密钥——这是科技赋予我们的伟力。

把阳光储存起来

太阳内部每时每刻都在进行核聚变反应，并以电磁波形式源源不断地向宇宙空间辐射能量。理论计算表明，地球每秒接收到的太阳能量仅占太阳总辐射量的二十二亿分之一，相当于 500 万吨标准煤燃烧所释放的能量。当这些能量穿过大气层后，仅有不到一半抵达地表，其中落在陆地上的仅剩五分之一。即便如此，这部分太阳能仍相当于人类一年能源消耗总量的 3.5 万倍。

> 核聚变是两个较轻原子核结合成一个较重原子核，同时释放大量能量的过程。

能源足迹

太阳光与灯光的区别

太阳光和灯泡发出的光本质上都是电磁波，但两者的波长与光谱特性大不相同。

太阳光是典型的自然光，其光谱是连续的，覆盖了从紫外线到可见光再到红外线的所有波长。而灯泡发出的光通常是人工制造的，其光谱只包含特定波长范围的光。例如，白炽灯发出的光是暖黄色的，日光灯发出的光是白色的。

光的波长决定其能量特性。简言之，波长越短，能量越高。紫外线因波长较短，其能量高于可见光；红外线波长较长，因此能量相对较低。这种特性使不同波长的光在科研与民用领域展现出不同的应用价值。例如，紫外线具有消毒杀菌作用，红外线则被广泛应用于热成像技术，如夜视仪、体温检测仪等。

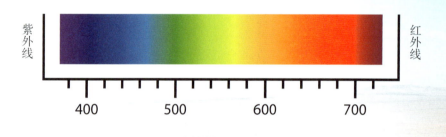

半导体是一种电导率介于导体和绝缘体之间的材料，在现代电子技术中发挥着关键作用。半导体的电导率可通过掺杂、改变温度或光照等方式进行调控，这一特性正是制造各类电子器件的基础。

半导体材料的发展为人类直接利用太阳能提供了可能性。1839 年，法国物理学家埃德蒙·贝克雷尔（Edmond Becquerel）发现用光线照射某些半导体材料后会产生电流。这种现象被称为"光生伏打效应"（简称光伏效应），但在当时并未引起广泛关注。

19 世纪末，美国科学家查尔斯·弗里茨（Charles Fritts）研制出第一块太阳能电池，但因发电效率过低而难以推广。直到 1950 年，随着半导体研究的深入，美国贝尔实验室成功制造出首块具有实用价值的太阳能电池。1958 年，太阳能电池被首次应用于人造卫星"先锋 1 号"。到 20 世纪 70 年代，太阳能电池逐步进入民用市场，先被应用于手表、计算器等小型电子设备；后来又扩展至热水器等家用电器领域。

　　虽然太阳能是地球上最丰富的能源，但其发电效率易受天气条件和昼夜交替影响。为了确保稳定供电，太阳能充放电控制系统应运而生。当白天阳光充足时，多余的电能可存入蓄电池中，供夜间或阴天使用。这种储能技术不但有效解决了太阳能发电的间歇性问题，而且大幅提升了能源利用效率。

　　近年来，我国光伏产业发展迅猛。2025 年，全球近一半的光伏发电来自我国。据预测，到 2060 年，我国 90% 的电力将来自可再生能源，其中太阳能约占 50%。然而，光伏发电的大规模发展也带来了土地占用问题。预计到 2060 年，光伏项目占地面积将达到 2020 年的 14 倍，这对土地资源，尤其是农业用地构成了严峻挑战。

　　为了平衡光伏产业发展与农业用地保护，科学家和政策制定者正在探索多种解决方案。首先，光伏发电并非处处皆宜，它对场地是有要求的。首选是阳光充足的地区，如我国西北部，那里日照时间长、辐射强度高，发电效率也更高。其次，闲置的难以开发的大面积土地（如荒漠、戈壁、盐碱地等）以及建筑物的屋顶和向阳墙面也是光伏发电的理想场所，既能有效利用空间，又能减少对耕地的占用。最后，水面（如"渔光互补"）也为我们提供了光伏发电的创新模式。

位于甘肃敦煌的"超级镜子发电站"——100 兆瓦熔盐塔式光热发电站

能源足迹

漂在水上的光伏板

微山湖上的漂浮式光伏电站

近年来，一种新型太阳能发电方式——漂浮式光伏电站（Floating Photovoltaic, FPV）悄然兴起。它们如同一片片巨大的荷叶，静静地铺展在湖泊、池塘和水库的水面上。

漂浮式光伏电站具有两大显著优势：一是无须占用宝贵的土地资源；二是水面上蒸发的水分有助于降低光伏板的温度，提高发电效率。最近一项研究表明，如果在全球 11 万座水库建立漂浮式光伏电站，即便只覆盖三分之一的水面面积，年发电量也可达到 9.4 万亿度，相当于目前水力发电量的 2 倍。此外，这些光伏板还能有效减少水分蒸发，节省下来的水量足够 3 亿人使用一年。

对于非洲这样既缺电又缺水的地区，漂浮式光伏电站堪称一举两得的解决方案。研究表明，仅需在占水库不到 1% 面积的水面上建立这种电站，就能使非洲现有水电站的产能增加 58%，同时减少 7.4 亿立方米的水资源损失。

不过，该技术也引发了科学界的担忧。研究发现，漂浮式光伏电站可能导致水温下降，进而威胁某些鱼类的生存，并对当地生态系统造成潜在影响。因此，在推广该技术时，必须审慎评估其对环境的影响。

沙漠里的"光伏羊"

在青海省海南藏族自治州的塔拉滩上，坐落着我国最大的光伏发电站——塔拉滩光伏发电园区。这片海拔近 3000 米的区域阳光充沛，曾是荒漠化率高达 98.5% 的不毛之地。然而，正是这样的特殊环境使其成为建设光伏电站的理想场所。有趣的是，这里还有一个别称——光伏牧场，因为在绵延的光伏板阵列间生活着 2 万多只"光伏羊"。

塔拉滩常年风沙肆虐，飞扬的沙尘不仅会覆盖光伏板，降低发电效率，还会加速设备磨损。为此，工作人员必须定期清理光伏板。在一次例行清理中，他们意外发现光伏板下的沙地上竟长出了野草。原来，当夜晚温度降低时，空气中的水分会在光伏板表面凝结成小水珠，这些水珠滴落后提高了土壤湿度，为植物生长创造了条件。基于这一发现，工作人员主动撒下草籽，试图利用植被防风固沙。

然而，新的问题接踵而至。疯长的野草不仅遮挡光伏板，影响发电效率，干枯后更成为冬季潜在的火灾隐患。正当大家为此发愁时，有人提出了一个方案："与其花钱雇人除草，不如请牧民来这里放羊。"这一提议很快得到了实施——园区专门修建了羊圈，邀请附近牧民入驻。就这样，成群的"光伏羊"和忙碌的"光伏羊倌"构成了园区里一道独特的风景线。

如今，塔拉滩已发展成为全球最大的光伏发电基地，年均发电量突破 100 亿度。同时，它也是生态修复的典范：风速降低 50%，土壤水分蒸发量减少 30%，植被覆盖率从不足 2% 上升到 80%，土地荒漠化得到有效遏制；牧草年产量超过 11 万吨，养活了 2 万多只"光伏羊"。

随着"光伏 + 牧业"模式的不断拓展，光伏产业还与渔业、农业等领域深度融合，形成了"渔光互补""农光互补"等多样化合作模式。这些创新实践不仅改善了生态环境，还为当地群众创造了大量就业机会，增加了他们的收入，真正实现了生态效益与经济效益的双赢。

光伏牧场就是在牧场上方或周围安装光伏板，利用光伏发电为生产生活提供电力，同时光伏板下方的草地还可以继续用来放牧。

据统计，塔拉滩光伏园区亩产草量 174 公斤，年产草量达到 11.8 万吨，可满足 20 万只羊采食。因为采食天然草，"光伏羊"品质上乘，深受市场青睐。

能源足迹

地球深处的能量

1920 年，李四光发表题为《现代繁华与炭》的演讲。他指出，地球上的煤炭储量有限，而随着社会发展，煤炭消耗必将持续增长。当煤炭资源枯竭或开采困难时，人类能否找到替代能源来维持文明发展？李四光认为"这个问题很大，很有研究的必要"，并提出了未来能源问题的解决思路。

我国著名地质学家李四光曾指出："地下是一个大热库，是人类开辟自然能源的一个新来源，就像人类发现煤炭、石油可以燃烧一样，要将地下的热取出来。"

那么，什么是地下的热？简言之，它是地球深处放射性物质衰变和熔融岩浆所释放的能量，通常储存在岩石、地下水和岩浆中。地球内部就像一个巨大的火炉，仅地表以下 10 千米范围内所蕴藏的地热能就相当于全球煤炭储量的近 2 亿倍。而且，地球内部的能量源源不断地产生，几乎取之不尽、用之不竭。正因为如此，地热能被视为一种重要的可再生能源。

地热资源用途广泛，不仅可用于发电、供暖，还能作为热卤水来源提取溴、碘、钾盐等多种工业原料。人类利用地热能的历史悠久，早期主要用于温泉沐浴、热水取暖和粮食烘干，真正的大规模开发直到 20 世纪初才开始。这是因为大部分地热资源深藏于地下数千米处，开采难度大，需要先进技术的支持。尽管如此，凭借清洁、可持续的特性，地热能正逐步成为全球能源转型的重要选择。

冰岛北部的米湖地区以强烈的地热活动而闻名

地热资源按温度可分为三类：高温地热（＞150 ℃，以蒸汽形式存在）、中温地热（90 ℃—150 ℃，以水和蒸汽混合形式存在）和低温地热（25 ℃—90 ℃，以热水形式存在）。按分布位置和储存状态，又可分为浅层地热、水热型地热、干热岩型地热和岩浆型地热四类。地质学家主要通过钻井和测量井下地温来确定地热资源分布情况。

全球地热资源分布广泛但不均衡，主要集中于地球板块交界和地质活动活跃地区，如环太平洋火山地震带（美国西部、日本、印尼）、东非裂谷带（肯尼亚、埃塞俄比亚）、地中海 – 喜马拉雅地震带（意大利、土耳其）以及大西洋中脊附近的冰岛和北欧部分国家。这些地方因地下热能集中，成为地热开发的热点区域。

我国地热资源禀赋突出。高温地热资源主要集中于云南、四川、西藏、福建和台湾等地，中低温地热资源则几乎遍布全国。我国地质调查局资料显示：全国浅层地热资源每年可开采量相当于 7 亿吨标准煤；水热型地热资源已发现温泉 2000 多处，地热开采井近 6000 眼，资源总量相当于约 1.2 万亿吨标准煤，每年可开采量相当于近 19 亿吨标准煤；干热岩型地热资源的潜力更是惊人，仅地下 3—10 千米范围内的储量就相当于860 万亿吨标准煤。

> 环太平洋火山地震带和地中海 – 喜马拉雅地震带是世界上最著名的两大地震带。

地热两用

地热发电是一种将地下热水和蒸汽作为动力源的新型发电技术。其工作原理与火力发电类似，都是先将热能转化为机械能，再将机械能转化为电能。1904 年，意大利人皮耶罗·吉诺里·孔蒂（Piero Ginori Conti）在拉德瑞罗进行了世界上首次地热发电实验，成功地利用地热蒸汽驱动发电机运转。1913 年，全球第一座地热发电站在此建成并投入运行。值得一提的是，这座发电站至今仍在正常运行，成为地热能开发利用史上的重要里程碑。

地热发电厂通常建在地热储层附近，深度一般为地下 1—2 千米。虽然地热发电不需要燃烧化石燃料，但仍会释放少量二氧化硫和二氧化碳。不过，与同等规模的火力发电相比，地热发电的硫化合物和二氧化碳排放量减少了 90% 以上，是一种相对环保的发电方式。

　　地热供暖是一种利用地球内部热能为建筑物供暖的方式。据估计，地下 100 千米深处的温度可达 1000 ℃，地心的温度更是高达 6000 ℃。钻井、管道和泵站等设备可将地下热水或蒸汽抽取至地面，经管道输送至建筑物中供暖。使用后的热水或蒸汽冷却后可重新注入地下，形成循环利用系统。相比传统的燃煤、燃气供暖，地热供暖更节能环保、舒适卫生。

　　作为深部地热能的天然出口，温泉不仅具有观赏价值，还富含多种对人体有益的微量元素。早在几千年前，古罗马人就热衷于泡温泉。我国古代也有"春日洗浴，升阳固脱；夏日浴泉，暑温可祛；秋日泡泉，肺润肠蠕；冬日洗池，丹田温灼"的说法。现代温泉开发已超越传统洗浴范畴，广泛应用于供热、医疗、休闲旅游和温室栽培等领域，对推动区域经济发展、改善生态环境具有重要意义。

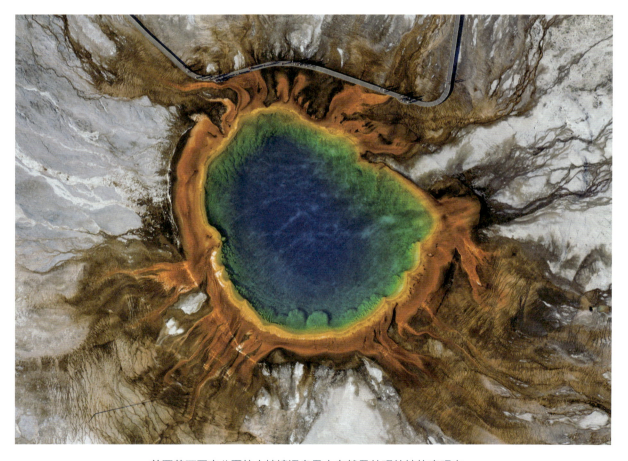

美国黄石国家公园的大棱镜温泉是大自然最壮观的地热奇观之一

原子内部的奥秘

你将了解：

核裂变与核聚变的原理

核电站与核弹的区别

燃烧产物只有水的能源

　　原子核深处蕴藏着改变世界的能量密码。核裂变释放铀原子核的束缚之力，点亮城市的夜晚；核聚变追逐氢原子核的融合之梦，复刻太阳的光芒；氢能源则以最轻的气体——氢气为燃料，驱动绿色低碳转型。从裂变到聚变，从核能到氢能，人类正一步步揭开物质能量的奥秘。

核能的奥秘

　　核能与火电和水电共同构成当今世界能源的三大支柱。其中，核能的威力大得惊人——既可用于制造原子弹，又造就了太阳的光和热。那么，这种强大的能量究竟从何而来？要回答这个问题，我们必须先从原子的结构说起。

　　原子是构成物质（气体、液体和固体）的基本单位，由质子、

> 质子和中子的质量远大于电子，因此原子的质量几乎都集中在原子核上。

能源足迹

中子和电子三种粒子组成。其中，质子和中子紧密结合形成原子核，电子围绕原子核运动。核能正是储存在原子核内部的能量。通过核裂变和核聚变这两种反应，原子核的结构会发生变化，同时释放巨大的能量。

我们所熟悉的核电站与原子弹都利用了重原子核（如铀-235）的裂变原理。简单地说，核裂变就是一个重原子核在中子撞击下分裂成两个中等质量原子核的过程。以核电站为例，大多数核

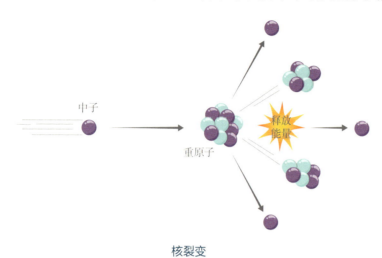

核裂变

电站使用的核燃料是铀。当一个中子撞击铀原子核时，会引发核裂变反应：铀原子核分裂，并以热能和辐射形式释放大量能量。此外，铀原子核分裂时还会释放出新的中子，这些中子继续撞击其他铀原子核，引发更多的裂变反应，形成链式反应。

在核电站，科学家通过精确控制链式反应，使其稳定地释放热能。这些热能可驱动蒸汽发生器产生高温高压蒸汽，进而驱动涡轮机发电。与煤炭、天然气等化石燃料相比，核裂变反应的能量密度要高得多。据估算，1 公斤铀裂变后释放的能量相当于约 300 万公斤煤炭燃烧产生的能量。

除了核裂变外，人们还可以通过核聚变获取核能。简单来说，核聚变就是两个较轻的原子核结合成一个较重的原子核，并释放巨大能量的过程。氢弹的威力之所以远超原子弹，就是因为核聚变释放的能量比核裂变释放的能量大。以支撑核聚变反应的燃料氘为例，地球上仅海水中就含有约 45 万亿吨氘，若完全聚变，所释放的能量足够人类使用 100 多亿年。

更重要的是，核聚变反应不像核裂变那样会产生大量放射性物质，对环境的影响更小。然而，核聚变反应的控制极为困难，因为它需要在极高的温度和压力条件下进行。目前，科学家正在努力攻克该技术难题，以期实现安全、持续且稳定的能量输出。

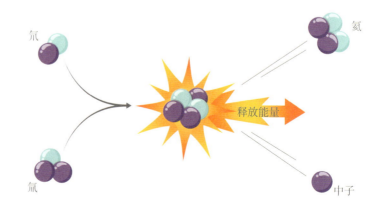

核聚变

你不知道的氢元素家族

氢是宇宙中最简单且含量最丰富的元素。你可能不知道，氢元素家族有三个兄弟——氕、氘和氚，它们被称为氢的同位素。同位素是指同一化学元素中质子数相同但中子数不同的原子，通常具有相似的化学性质，但物理性质（如质量、放射性）大不相同。

氕是氢元素最常见的形式，占比高达 99.98%。其原子核非常简单，只有一个质子，没有中子。作为宇宙中最轻的元素，氕也是构成水分子（H_2O）的主要成分。

氘又称"重氢"，在自然界中的含量很低，仅占氢元素的 0.016%。其原子核由一个质子和一个中子组成。虽然化学性质与氕相似，但由于多了一个中子，氘的原子质量比氕大一倍。

氚被称为"超重氢"，是氢元素家族中最稀有的成员，占比低至 0.004%。其原子核由一个质子和两个中子组成。由于中子数较多，氚具有放射性。值得注意的是，氘和氚在核聚变反应中均扮演着重要角色。

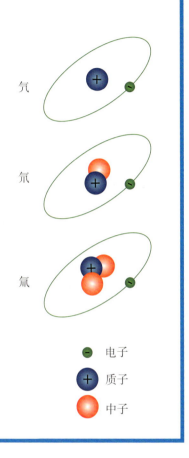

氕

氘

氚

- 电子
+ 质子
● 中子

人造太阳

太阳之所以能够发光发热，是因为其内部持续进行着核聚变反应。受此启发，科学家提出了"人造太阳"的概念，即通过模拟太阳的核聚变过程，在地球上实现可控的核聚变发电。核聚变因其燃料（如氘和氚）在地球上储量丰富，且几乎不产生污染，被视为人类实现"能源自由"的终极解决方案。然而，如何让核聚变从实验室走向实际应用，成为可靠的能量来源呢？

在安徽合肥科学岛深处，一座直径 8 米、高约 11 米、重达 400 吨的银色巨罐正以 1 亿摄氏度的高温"燃烧"着人类文明的能源梦想——这便是我国有"人造太阳"之称的全超导托卡马克核聚变实验装置（简称 EAST）。该装置由我国自主设计，于 2006

全超导托卡马克核聚变实验装置的中文名为东方超环，英文全称为 Experimental Advanced Superconducting Tokamak。

能源足迹

太阳等恒星内部产生的能量主要来自核聚变

这一突破标志着我国在聚变能源研究领域已跻身世界前列。

千秒量级是聚变反应达到稳定的重要基础。聚变反应达到亿度千秒量级，意味着人类首次在实验装置上成功模拟出未来聚变堆高效稳态运行必备的环境。

年建成，拥有 200 多项核心技术和近 2000 项专利，集"超高温""超低温""超强磁场""超高真空""超大电流"等极端条件于一体。2025 年 1 月，EAST 实现了 1 亿摄氏度下持续 1066 秒的高约束模等离子体运行，再次刷新世界纪录。

EAST 采用磁约束核聚变技术。简单地说，就是利用强大的磁场打造一个"磁笼子"，将高温等离子体约束在其中，同时创造核聚变所需的高温高压条件，并设法长时间地维持这种状态，使核聚变反应能持续发生并稳定地输出能量。

在过去几年里，EAST 在运行时间上不断取得突破，先后实现了 60 秒、100 秒、403 秒等重大飞跃。1000 秒是聚变发电的关键门槛。科学家认为，聚变反应一旦达到千秒量级，就能较好地自我维持，为未来的商业化应用奠定基础。

尽管实现可控核聚变仍需攻克诸多技术难题，但 EAST 的每一次突破都让我们离"人造太阳"的梦想更近一步。可以预见，当"人造太阳"真正照亮地球时，能源危机或将不再是困扰人类的难题。

水边的核电站

20 世纪 50 年代，为了打破国外的核垄断并保障国家安全，我国开始研制核武器，这为后来的核电发展奠定了基础。截至 2023 年底，我国已有 55 台核电机组投入运行，总装机容量位居世界第三。一个有趣的现象是，这些核电站几乎都集中在沿海地区，这背后究竟有何原因？

首先要考虑水源供应。无论是海边、河边还是湖边，核电站的安全运行离不开稳定的冷却水供应。若将核电站建在内陆，依赖远距离输水，一旦发生地震等自然灾害，冷却水供应可能中断，影响应急处理。目前，全球超过半数核电站都建在内陆河边，被称为内陆核电站。而我国现有的核电站主要分布在沿海地区，因为这些地区拥有丰富的海水资源，能够满足核电站持续、稳定的冷却需求。

其次是建设便利性。核电站在建设过程中需要运输大量重型设备。沿海地区靠近港口，便于大型设备的运输和安装，可大大节约建设成本和时间。相比之下，内陆地区在设备运输上面临更大挑战。

最后是用电需求分布。建设核电站的最终目的是满足人们的用电需求。沿海地区通常人口密集，工业发达，用电需求大。将核电站建在沿海地区，可就近供电，降低远距离输电的成本和损耗。例如，我国第一座自行设计、建造的核电站——秦山核电站位于浙江省海盐县秦山镇，周边地区经济发达，输电十分便利。

比利时蒂昂日核电站

核电站 ≠ 核弹

　　核能被誉为当今最具潜力的能源之一，同时也被许多人视为一把双刃剑。反对者将核电站比作潜在的核弹，担心其随时可能发生爆炸。然而，核电站与核弹之间存在本质区别：核弹追求的是瞬间释放巨大的能量，而核电站致力于安全、稳定地提供能源。两者的设计理念和用途完全不同。

　　核武器的可怕之处在于其破坏力，这种破坏力源于核连锁反应的失控。核弹的核连锁反应在极短时间内（几分之一秒）发生：在中子的轰击下，一个原子核分裂成两个，释放出 2—3 个新中子，新中子又能引发更多的原子核发生分裂……这种指数级增长的反应瞬间释放出巨大的能量，造成毁灭性的爆炸。为了实现这种快速且不可控的反应，核弹需要使用浓度超过 90% 的高浓缩铀 -235，同时借助精密的组装和引爆技术——而这些条件在核电站中根本不存在。

　　与核弹不同，核电站中的核连锁反应始终处于严格控制之下，反应速度缓慢且稳定，能量以可控方式释放。这主要归功于两方面：一是核电站使用的铀燃料纯度较低，只有 3% 左右；二是大部分核电站的核反应堆中都添加了降低中子速度的物质，以确保反应平稳进行。此外，现代核电站的反应堆还配备了多重安全措施，杜绝了反应失控的可能性。

尽管如此，不少人还是心存疑虑：如果反应失控会发生什么？在最坏的情况下，反应堆可能发生熔毁，即反应堆堆芯因过热而熔化，形成高温的放射性熔融物。如果熔毁严重，放射性物质可能会渗入地下，污染地下水，或引发爆炸，导致放射性物质泄漏到大气中，进而污染周围环境。需要明确的是，这类爆炸的威力和破坏范围远不及核弹。

历史上最严重的核事故，如切尔诺贝利核事故和福岛核事故，虽然造成了重大的人员伤亡和持续的生态环境影响，但均未发生核爆炸。这两起事故的本质是反应堆失控和堆芯熔毁，而非核弹式爆炸。

核反应堆"堆"的是什么？

核反应堆（Nuclear Reactor）又称原子能反应堆或反应堆，是一种能维持核裂变反应并实现核能利用的装置。不过，为什么称它为"堆"呢？这还要从世界上第一个核反应装置说起。

1942年，美籍意大利物理学家恩里科·费米（Enrico Fermi）在参与"曼哈顿计划"（第二次世界大战期间美国主导的一项

这幅画描绘了科学家观察世界上第一座核反应堆实现可控的自持链式裂变反应的场景

绝密军事工程，旨在研发原子弹）期间带领团队在芝加哥大学成功建造了人类历史上第一座核反应堆。该装置由铀和石墨一层层交替堆砌而成，形成了典型的"堆"状结构，因而被命名为"芝加哥一号堆"（Chicago Pile-1）。

由于当时这项研究属于高度机密，工作人员在日常交流中使用"堆"（Pile）这个简单直白的词来指代这一装置。随着时间的推移，"堆"这个称呼被保留下来，并沿用至今。

零碳氢动力

作为宇宙中含量最丰富、质量最轻的元素，氢不仅是构成水和有机物的基础，还蕴藏着巨大的能源潜力。与传统能源相比，氢的燃烧热值极高，是汽油的 3 倍、酒精的 4 倍、焦炭的 4.5 倍。更重要的是，氢燃烧后的唯一产物是水，不排放任何有害气体，是真正意义上的清洁能源。

什么是氢能源？简单地说，氢能源是指以氢气作为能量来源的能源形式。氢气可通过多种方法制备，其中最常见的是电解水，即利用电能将水分解成氢气和氧气。这种方法所需的原料主要是水。其他制氢方法，如天然气重整、生物质气化等技术会产生一定量的二氧化碳，在环保性方面不如电解水。

氢能的应用领域十分广泛，不仅可用于发电，还可作为汽车等交通工具的燃料。以氢燃料电池为例，它无须充电，只需不断补充氢气和氧气即可持续发电。此外，在太阳能、风能等可再生能源供应不稳定时，氢能还可作为储能介质，有效平衡电网负荷，解决能源供需波动问题。

> 水分子在电流作用下分解为氢气和氧气的过程称为"电解水"。

这个实验以铅笔芯（石墨）为电极，将水成功地分解为氢气和氧气。

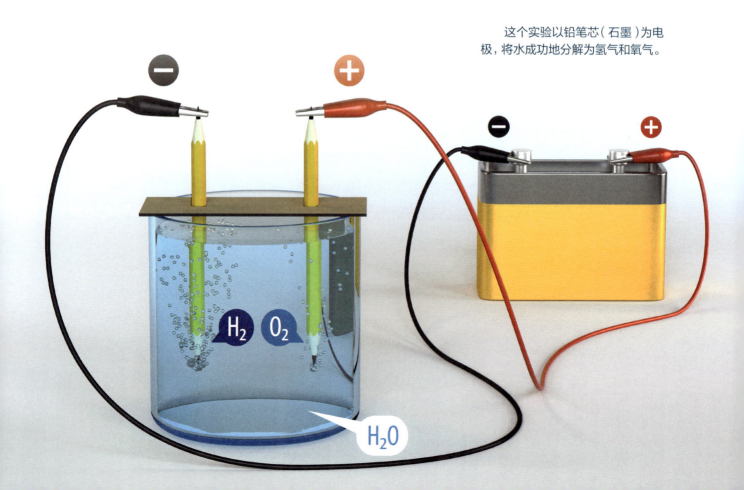

尽管拥有诸多优势，但氢能在实际应用中仍面临多种挑战。一是储存和运输问题。氢气易燃易爆，需要对其进行压缩或液化处理才能实现高效储运，这对安全技术和基础设施提出了较高的要求，也增加了成本。二是氢燃料电池的制造成本较高，这主要和使用铂等贵金属催化剂有关。为了克服这些问题，科学家正在研究新型固体氢储存材料和氢气管道运输技术，同时寻找更廉价、高效的替代催化剂，以降低燃料电池的成

氢能源公交车

本。三是当前电解水制氢效率较低，成本较高。而通过化石燃料制备氢气虽然成本较低，但会产生二氧化碳。因此，提高电解水效率和开发经济高效的新型制氢技术被视为未来氢能源发展的关键方向。

弃风弃光变"绿氢"

储氢容器包括储氢球罐、储氢瓶等

2023 年 4 月，我国首条"西氢东送"输氢管道示范工程被纳入《石油天然气"全国一张网"建设实施方案》，标志着我国氢气长距离输送管道建设迈入新阶段。这条全长 400 多公里的管道起于内蒙古自治区乌兰察布市，终至北京燕山石化，是我国首条跨省区、长距离的纯氢输送管道。管道建成后，将用于替代京津冀地区现有的化石能源制氢及交通用氢。

由于风能和光伏发电具有间歇性、波动性和随机性的特点，在现有电网建设和消纳机制相对滞后的情况下，常常会出现"弃风弃光"现象。氢储能作为一种高效的储能方式，可以弥补其他储能形式的不足，将大量的弃风、弃光转化为氢气储存起来。随着"西氢东送"管道的建设与投产，周边发电企业可以利用弃风弃光电力制氢，并通过管道输送至有需求的地区，形成"源—网—荷—储"一体化能源解决方案。

目前，全球范围内氢气输送管道的总里程已超过 5000 公里。其中，美国以 2500 余公里位居首位。相比之下，我国的输氢管道建设仍处于起步阶段。"西氢东送"工程不仅是我国氢能产业发展的重要一步，也是推动能源结构优化、实现"双碳"目标的关键举措。

能源足迹

在讨论能源问题时，我们常常会听到"电功率"和"电量"这两个概念，它们究竟有什么区别呢？简单来说，电功率是单位时间内产生或消耗的电能，单位是瓦特（W）；电量则表示一定时间内产生或消耗的电能总量，单位是千瓦时（kW·h）。两者的换算关系为：

1 千瓦（kW）= 1000 瓦（W）

1 千瓦时（kW·h）= 1 千瓦（kW）× 1 小时（h）

以秦山核电站和三峡水电站为例：

秦山核电站的年发电量约为 530 亿千瓦时（53,000,000,000 kW·h），三峡水电站的年发电量约为 1118 亿千瓦时（111,800,000,000 kW·h）。假设一台家用空调的功率为 1 千瓦，夏季每天运行 8 小时，那么单台空调每天用电量为：

1 kW × 8 h = 8 kW·h

若一个夏季按 90 天计算，则单台空调夏季用电量为：

8 kW·h × 90 = 720 kW·h

接下来，我们可以计算秦山核电站和三峡水电站一个夏季（一年的四分之一）分别能为多少台空调供电（假设两座电站每月发电量变化不大）。

秦山核电站夏季发电量约为：

53,000,000,000 kW·h ÷ 4 = 13,250,000,000 kW·h

可供电的空调数量为：

13,250,000,000 kW·h ÷ 720 kW·h ≈ 18,402,778 台

三峡水电站夏季发电量约为：

111,800,000,000 kW·h ÷ 4 = 27,950,000,000 kW·h

可供电的空调数量为：

27,950,000,000 kW·h ÷ 720 kW·h ≈ 38,819,444 台

由此可见，秦山核电站一个夏季可为 1840 多万台空调供电，三峡水电站的供电能力更强，一个夏季可为超过 3880 万台的空调供电。这些数据不仅直观地展示了大型发电站的供电能力，也让我们更清晰地理解能源生产与日常用电需求之间的关系。

3

文明推动力

SCIENCE

动力能源的变迁

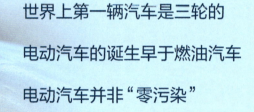

你将了解：

世界上第一辆汽车是三轮的

电动汽车的诞生早于燃油汽车

电动汽车并非"零污染"

人类对能源的大规模开采和利用始于第一次工业革命。自那时起，交通工具经历了一场翻天覆地的变革。从最初的蒸汽动力到内燃机，再到如今的新能源汽车，汽车的发展历程不仅是一部技术进步史，更是一部能源转型史。它记录了人类如何从依赖化石燃料逐步迈向清洁能源时代，也预示着未来出行方式的无限可能。

从三轮到四轮

汉语中"汽车"的"汽"并非指汽油，而是指最早推动汽车行驶的蒸汽动力。

关于汽车的构想最早可追溯至 17 世纪 80 年代。英国科学家牛顿曾提出将喷射蒸汽作为汽车动力，遗憾的是这一构想未能实现。直到 1769 年，法国工程师尼古拉·约瑟夫·居纽（Nicolas Joseph Cugnot）成功制造出世界上第一辆蒸汽驱动的三轮汽

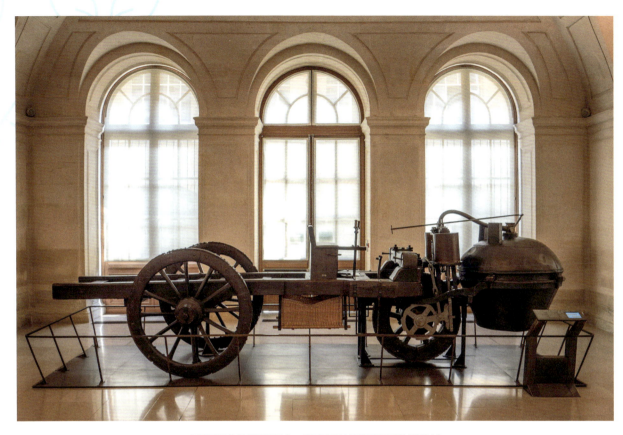

居纽制造的蒸汽汽车，现存于法国巴黎工艺博物馆

车。该车通过在车架上放置大锅炉产生蒸汽动力，最高时速可达3.5—3.9公里。然而在试车时，车辆意外撞墙损毁，成为历史上记载的第一起机动车事故。

经过很长一段时间的发展和改进，蒸汽汽车始终难以克服效率低下等问题。直到1885年，德国工程师卡尔·本茨（Karl Benz）制造出一辆装有内燃机的三轮汽车，其最高时速可达18公里。由于该车以汽油为动力源，而非蒸汽，因此被公认为世界上第一辆真正的汽车。

1886年，德国专利局批准了本茨的三轮汽车专利申请，这是世界上首个汽车引擎专利。这一年也被视为"汽车元年"。

另一位德国工程师戈特利布·戴姆勒（Gottlieb Daimler）则于1885年为一辆骑式双轮车申请了专利，该车被认定为世界上第一辆摩托车。次年，戴姆勒为庆祝妻子43岁生日，将立式发动机安装到马车上，由此创造了世界上第一辆四轮汽车。

部分学者将汽车制造成功的那一年视为"汽车元年"，即1885年。

能源足迹

世界上第一位汽车司机

贝尔塔·本茨的首次试驾

除了发明家卡尔·本茨的智慧之外，汽车的问世还离不开他的夫人贝尔塔·本茨（Bertha Benz）的勇敢实践。在汽车诞生之初，公众对这个"会动的铁家伙"充满怀疑和抵触。尽管卡尔进行了多次改进，汽车仍存在诸多问题，以至于连他自己都不敢驾车上路。

1888年夏天的一个清晨，贝尔塔决定用实际行动证明汽车的价值。她趁丈夫熟睡时，带着两个儿子驾车出发。汽车行驶了14公里后燃油耗尽，贝尔塔灵机一动，前往附近药店购买了一种常见的清洁剂充当发动机的燃料。这家药店因此成为世界上第一个"加油站"。

这趟"说走就走的旅行"不仅让贝尔塔成为世界上第一位汽车司机，更向世人证明了汽车是一项能改变世界的伟大发明。她的壮举为汽车赢得了公众的信任。在随后的慕尼黑工业博览会上，卡尔·本茨的汽车获得广泛关注，订单纷至沓来。从此，汽车开始驶向全世界，开启了人类交通史的新篇章。

虽然关于谁是"汽车之父"至今尚无定论，但德国作为现代汽车发源地的事实无可争议。1926年，戴姆勒创立的公司与本茨的公司合并成立戴姆勒－奔驰公司（Daimler-Benz），也就是我们今天所熟知的梅赛德斯－奔驰公司（Mercedes-Benz）的前身。这一合并不仅确立了德国在全球汽车工业中的领导地位，更为现代汽车技术的发展铺平了道路。

分久必合，合久必分

尽管电动汽车近几年才流行起来，但其历史可以追溯至19世纪。世界上第一辆电动汽车诞生于1832年，由苏格兰发明家罗伯特·安德森（Robert Anderson）制造。1881年，法国人古斯塔夫·特鲁韦（Gustave Trouvé）因制造出第一辆搭载铅酸电池的可实用化电动汽车，被誉为"电动汽车之父"。此后30年，电动汽车在市场上始终占据重要地位，就连爱迪生也是其坚定的支持者。

19 世纪末，随着内燃机技术的飞速发展，汽车市场形成了蒸汽汽车、电动汽车与燃油汽车三足鼎立的格局。据记载，19 世纪 90 年代，全球 4000 余辆汽车中，蒸汽汽车占 40%，电动汽车占 38%，燃油汽车占 22%。不过好景不长，由于蒸汽汽车效率低下，电动汽车成本高昂且续航能力有限，二者的市场份额逐渐萎缩。到 20 世纪 20 年代，电动汽车和蒸汽汽车几乎完全退出市场，燃油汽车从此独霸天下。

在汽车发明一个世纪后，电动汽车终于迎来了复苏，这主要源于日益上升的环保压力和全球能源战略转型的需求。英国伦敦及美国加州的一些工业城市长期饱受汽车尾气污染之苦，因此低排放、轻量化、电气化成为汽车发展的新趋势。

20 世纪 90 年代，由于电池技术尚未成熟，电动汽车的续航能力不足，汽车制造商转而推出混合动力汽车，将电动机与内燃机相结合，以实现优势互补。进入 21 世纪，电池技术取得重大突破，能量密度、续航能力和动力性能均大幅提升，电动汽车终于可以与燃油汽车一较高下。在此背景下，各国政府纷纷出台政策支持电动汽车发展。我国更是走在世界前列，新能源汽车产销量连续多年位居全球第一。

1881 年电动三轮车复制品

能源足迹

零碳出行的罚单

电动汽车的兴起标志着汽车产业在绿色转型道路上迈出了重要一步，但事实上电动汽车并不完全是环境友好型车辆。

2016 年，新加坡一位特斯拉车主因车辆被认定为"污染源"而收到一张高达 1.1 万美元的罚单，这一事件引发广泛关注。经过严格的能耗测试，这辆特斯拉每公里耗电 444 瓦时，按照新加坡每消耗 1 瓦时电能相当于排放 0.5 克二氧化碳的换算标准，其二氧化碳排放量达到每公里 222 克，而同级别燃油汽车的二氧化碳排放量约为每公里 200 克。这个例子揭露了一个事实：虽然电动汽车不直接燃烧化石燃料，但由于其电力主要来自燃煤发电厂，实际上仍会间接产生大量二氧化碳排放。

此外，电动汽车的制造过程也会消耗大量能源。数据显示，现阶段生产一辆电动汽车约排放 10 吨二氧化碳，而生产一辆传统燃油汽车仅排放 8 吨左右。虽然电动汽车在使用过程中确实减少了尾气排放，但从全生命周期（包括制造、使用和回收等阶段）来看，其二氧化碳排放量仅比燃油汽车降低约 20%。由此可见，电动汽车并非真正意义上的"零污染"，而只是将污染从道路转移到了发电厂。要真正实现零碳出行，关键在于推动能源结构转型，大力发展风电、光伏等清洁能源，这样才能从根本上解决交通领域的环境污染问题。

 算一算

我国平均每发 1 度电需消耗约 305 克标准煤。每燃烧 1 千克标准煤会产生约 2.5 千克二氧化碳、0.07 千克二氧化硫和 0.04 千克氮氧化物。虽然电动汽车行驶时不排放尾气，但其电力生产过程中仍会产生这些污染物。

假如你家的电动汽车每行驶 10 公里消耗 1.5 度电，算一算从你家到学校的这段路程会产生多少污染物。与燃油汽车（每行驶 10 公里约排放 2 千克二氧化碳）相比，电动汽车的二氧化碳排放量下降了多少？

假如你所在地区 30% 的电力来自风电、光伏等清洁能源，上述污染物排放数据又将如何变化？

点亮世界的密码

你将了解：

蓝光 LED 获得诺贝尔物理学奖的原因

无人机灯光秀的实现原理

科学家利用夜间灯光揭示社会发展的密码

电灯的发明彻底改变了人类"日出而作，日入而息"的生活方式，成为现代社会不可或缺的一部分。纵观人类照明工具的发展历程，早期的火把、蜡烛和油灯都依赖于物质的燃烧来获取光源，不仅照明效果有限，还存在安全隐患，容易引发火灾。这一局面直到 19 世纪才得以改变——1879 年，美国科学家爱迪生在实验室成功研制出世界上首个实用的白炽灯泡。这一突破性发明标志着人类正式迈入电力照明的新纪元，同时也成为电灯发展史上第一个重要的里程碑。

托马斯·爱迪生（Thomas Edison）与他发明的白炽灯复制品合影

灯具大观

进入 20 世纪，电灯的种类日益丰富。其中，白炽灯、荧光灯和 LED 灯成为我们日常生活中最常见的灯具。

白炽灯，也就是我们常说的灯泡，因制造成本低廉、使用便捷，在过去 100 年里一直是主要的照明设备。其工作原理是通过电流将灯丝加热至高温，使其产生热辐射，从而发出可见光。但白炽灯的发光效率较低，仅有不到 10% 的电能被转化为光能，大部分能量以热能形式散失。由于能耗过高，欧盟以及美国、加拿大等国家均已停止销售白炽灯。我国也于 2011 年制定了"中国逐步淘汰白炽灯路线图"，并从 2016 年 10 月 1 日起禁止销售 15 瓦及以上普通照明白炽灯。

卤钨灯又称钨卤素灯、石英卤素灯或石英碘灯，是白炽灯的改进版本。其内部充有惰性气体和少量卤素气体（如碘或溴）。普通白炽灯的钨丝会在高温下蒸发，从固态直接转变为气态（这一过程称为"升华"）。当灯泡关闭后，温度降低，这些气态钨又会重新转变为固态（这一过程称为"凝华"），堆积在灯泡内壁。由于钨是黑色固体，长期使用会导致灯泡内壁变黑，同时钨丝变细甚至断裂。而卤钨灯中的卤素气体能与蒸发的钨原子发生可逆化学反应，形成卤钨循环，从而减少灯泡内壁发黑现象，延长灯泡的使用寿命。

荧光灯又称日光灯，灯管内充有少量惰性气体（如氩气）和汞蒸气。其工作原理是利用气体放电产生的紫外线激发管壁的荧光粉发出可见光。与白炽灯相比，荧光灯具有发光效率高、使用寿命长、光线柔和、发热量小等优势，能大幅节省能源，因此也被称为节能灯。需要注意的是，荧光灯含有汞蒸气，若处理不当，可能对环境造成污染。为此，美国环境保护署建议将废旧荧光灯与普通垃圾分开处理，并交由专业机构进行回收或安全处置。

LED 灯利用固态半导体器件发光。早期 LED 灯主要作为指示灯使用，可替代小型白炽灯。随着半导体技术的进步，LED 的波长范围不断扩展，现已涵盖紫外线、可见光和红外线等。凭借节能、耐用、不受频繁开关影响等优势，LED 目前被广泛应用于显示器、照明、交通信号、相机闪光灯和医疗设备等领域。

> 虽然白炽灯正逐渐被更高效、节能的照明设备所取代，但它仍然是照明史上最重要的发明之一。

> 废旧荧光灯管因含汞而被列入《国家危险废物名录》。

> Light Emitting Diode 即发光二极管，简称 LED。

蓝光 LED 的发明是一项重大突破

如今 LED 已发展出各种色彩

2014 年，日本科学家赤崎勇、天野浩和中村修二因发明"高亮度蓝色发光二极管"而获得诺贝尔物理学奖。这引发了不少人的疑问：为何是蓝光 LED 而非红光或绿光 LED 获此殊荣？

事实上，早在 1962 年，美国通用电气公司就研制出了第一种可实际应用的可见光发光二极管。但早期 LED 以红光和绿光为主，能量较低且无法合成白光，应用范围受到很大限制。蓝光 LED 不仅能量更高，还能与红光和绿光结合产生白光，从而彻底突破了 LED 用于照明的关键技术瓶颈。

要产生白光，需要红、绿、蓝三原色同时起作用。

如果说白炽灯点亮了 20 世纪，那么 21 世纪无疑是 LED 灯的时代。与白炽灯和荧光灯相比，LED 灯具有能耗更低、寿命更长、可智能化操控等优势，被誉为"人类历史上第四代照明"，是真正节能环保的"绿色照明"。

前三代照明分别是白炽灯、荧光灯和高强度气体放电灯。

从白炽灯到 LED 灯，从热辐射到固态照明，照明技术完成了革命性跨越。如今，LED 灯凭借高效、超长寿命和环保优势成为主流。展望未来，随着 Micro LED（微型发光二极管）、智能照明等技术的发展，照明系统将朝着更节能、更个性化和更场景化的方向不断演进。

解码三原色

　　三原色是指色彩中不能再分解的三种基本颜色，它们是构成其他所有颜色的基础。我们通常所说的三原色分为光学三原色（RGB）和颜料三原色（CMY），两者在原理和应用上有着本质区别。

　　光学三原色由红色（Red）、绿色（Green）和蓝色（Blue）组成，主要用于显示器、电视屏幕和投影仪等。这三种颜色的光以适当比例叠加时会产生白光。这种加色混合原理是电子显示技术的核心，也是我们日常生活中最常见的色彩模式。

　　颜料三原色由青色（Cyan）、品红色（Magenta）和黄色（Yellow）组成，主要用于印刷领域。与光学三原色不同，颜料三原色通过减色混合原理呈现色彩。当这三种颜色以适当比例混合时，会吸收大部分光线，最终呈黑色或深灰色。在实际印刷中，为了提高对比度和细节表现，通常会额外加入黑色（Key）油墨，因此印刷行业使用的色彩模式被称为 CMYK。

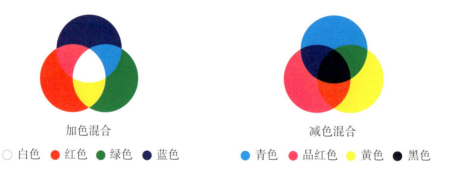

加色混合　　　　　　　　　　　　　　　减色混合

○ 白色　● 红色　● 绿色　● 蓝色　　　　● 青色　● 品红色　● 黄色　● 黑色

千机共舞

拉菲罗·安德烈被誉为"无人机之父"，曾连续三次获得有"电子工程领域的诺贝尔奖"之称的IEEE 大奖。

　　你是否目睹过这样的奇观：闪烁的灯光在夜空中变幻出绚丽的图案和文字？这就是无人机灯光秀——一种融合高科技与艺术的创新表演形式。这种表演形式最早亮相于 2016 年的一场 TED 演讲，当时苏黎世联邦理工学院的拉菲罗·安德烈（Raffaello D'Andrea）教授向观众展示了微型无人机集群的精彩表演。此后，无人机灯光秀风靡全球，成为各类大型活动的亮点。从 2020 年东京夏季奥运会开幕式上的奥运会会徽和立体地球，到 2022 年北京冬季奥运会开幕式上的雪花和冰墩墩，这些令人叹为观止的表演充分展现了无人机编队技术的无限可能。

这些无人机如同萤火虫般在 TED 舞台上空翩翩起舞，编织出令人目眩神迷的梦幻阵列。

无人机灯光秀的核心在于精准控制和协调上百乃至上千架无人机，使其在夜空中呈现出精确的图形、文字或动态效果。这种表演具有高度可编程性，能够根据需求设计出复杂多变的视觉效果。其实现过程主要包括四个阶段：前期准备、硬件配置、安全保障和表演执行。

在前期准备阶段，先运用三维建模技术在电脑上设计出所需的 3D 图案。然后通过专业软件将图案转化为无人机的飞行路径，并计算出每架无人机的亮灯时间、颜色变化等参数。为了确保飞行路径和灯光效果的准确性，这些数据需在虚拟环境中进行模拟测试，经过反复调整、优化，最终转化为精确指令，并传输至无人机集群。

在硬件配置阶段，每架无人机都配备了 LED 灯、飞控系统、高精度定位模块和通信模块。由于无人机需要明确自己的位置才能按指令飞行，而普通卫星定位存在数米甚至数十米的误差，无法满足无人机密集编队飞行的精度要求，因此工程师在地面部署了特殊的卫星信号接收基站。该基站能测量并校正卫星定位误差，无人机集群通过无线通信与基站保持联系，实时接收指令和校正数据，从而精确调整位置，避免碰撞或偏离路径。在这种情况下，每架无人机都能按预设路径和动作执行任务，并与其他无人机保持同步，确保表演的流畅性和精确性。

安全保障方面，包括在表演区域设置围栏，以及限制无人机飞行区域，防止其误入禁飞区。此外，还需为无人机配备备用电源等应急模块，确保其在紧急情况下能安全降落。

表演执行时，由地面系统一键启动无人机集群，各无人机按预设路径升空。飞控系统实时调整无人机的飞行姿态和灯光变化，确保图案精准呈现。同时，地面系统持续监控无人机状态，一旦发现异常，将自动启用备用方案，如替换故障无人机或调整飞行路径等。

在无人机表演中，操作者可通过地面基站的计算机屏幕实时监控整个集群的动态，包括每架无人机的位置、速度、电量等。众所周知，普通家用 Wi-Fi 在连接多台设备时容易出现卡顿的问

能源足迹

题，那么成百上千架无人机又是如何保持通信畅通的呢？这背后离不开一种名为"令牌环网"的高效通信机制。

虽然我们看到的无人机动作整齐划一，仿佛所有无人机都在同步接收指令，但实际上在极短时间内，只有一架无人机在与地面基站通信。这就像在进行"击鼓传花"的游戏，"花"就是"令牌"。当无人机接收到数据时，会先判断该数据是否属于自己。若是，就收下"令牌"并与地面基站通信；否则便将"令牌"传递给其他无人机。换言之，任意时刻，只有持有"令牌"的无人机才有权与地面基站通信，其他无人机则保持待命状态。

"令牌环网"机制不仅可以有效避免信道干扰问题，还确保无人机集群能够精准、流畅地完成各种复杂的编队表演。

> 目前，我们已实现同时控制1万余架无人机进行表演，并且这一纪录正在不断被刷新。

> 高精度的定位系统、强大的计算能力、稳定的通信网络以及高效的能源管理，这四大要素共同构成了确保无人机表演顺利进行的必要条件。

吉林省延吉市无人机表演"凤凰冲天"

从太空看文明

　　夜间灯光数据是通过卫星传感器在夜间捕获地表的可见光至近红外电磁波信息，经过数字化处理后生成的数据。早在 20 世纪 80 年代，研究人员就开始利用卫星遥感影像，系统分析夜间灯光与经济发展、城市化进程以及能源消耗之间的关系。

　　科学家之所以能够通过卫星获取的夜间灯光数据来研究能源消耗，是因为夜间灯光亮度与人类活动和能源使用情况密切相关。简言之，社会经济越活跃，灯光越亮。基于夜间灯光数据计算能源消耗，通常需要将卫星观测数据与地面统计数据相结合，主要包括数据获取与处理、建立模型、应用与估算三个步骤。

　　先通过卫星传感器获取地球表面不同区域的灯光亮度数据。然后对原始数据进行处理，消除云层和极端值的干扰，确保数据主要反映人造光源。接着将灯光亮度数据与地面电力消耗统计数据进行匹配，建立二者之间的定量关系。例如，通过比较某地区的灯光强度与已知电力消耗值，可构建模型：$E = a \times L + b$。

　　其中，E 代表能源消耗量，L 代表灯光强度。通过已知的灯光强度和能源消耗量求得 a 和 b 的值，即可建立该地区的"夜间灯光—能源消耗"模型。

　　模型建立后，研究人员只需输入目标区域的灯光亮度数据，便能快速估算该地区的能源消耗。这种方法能以较低的成本实现大范围、高频次的能源消耗监测，尤其适用于缺乏详细统计数据的地区。

　　夜间灯光数据为科学研究提供了关键信息，也为政策制定者提供了决策参考。通过分析这些数据，政府部门可以优化能源分配，识别能源浪费区域，从而制定更有效的可持续发展策略。此外，夜间灯光数据还可用于监测自然灾害或地缘冲突对能源供应的影响，为应急响应提供支持。

数字洪流的背后

你将了解：

频繁更换新手机会加速二氧化碳排放

藏在山间与深海的数据中心

人工智能可能加速能源危机

当人类文明驶入数字纪元，曾经照亮黑夜的光子悄然转变为流动的比特。在数据与生态的交界处，人类正试图重写与能源的契约：将数据中心沉入海底，藏进岩洞，推向北极，以冰川为散热片，用潮水作冷却剂，在碳基生态与硅基文明之间寻求平衡。这些埋藏于冰冷之地的服务器阵列，既是驾驭数字洪流的能量方舟，也是实现算力革命的技术救赎。

玩手机或将导致全球变暖

据统计，每人每天平均查看手机 60 余次，点击屏幕近 3000 次。这些看似平常的操作实际上都在向大气释放二氧化碳。自 1991 年芬兰拨出首个移动电话以来，全球数百亿部手机以惊人的速度构建起庞大的数字网络。值得注意的是，智能手机产生的二氧化碳已占全球排放总量的 0.5%。

不过，手机使用过程中直接产生的碳排放仅占其全生命周期碳排放的一小部分。研究表明，约 80% 的碳排放来自手机制造环节，包括稀土开采、芯片制造、加工组装等。

研究显示，要制造一部手机，需要开采 10—15 千克矿石。

此外，有研究机构统计发现：在智能手机年度碳排放总量中，仅新机生产、运输和首年使用这三个环节就贡献了超过 80% 的排放量。目前，我国手机平均使用寿命约为 2 年，每年淘汰的废旧手机高达 4 亿—5 亿部，累计存量已突破 20 亿部。但由于回收体系尚不完善，仅有约 5% 的废旧手机得到规范的回收处理。在这种情况下，消费者频繁更换新手机的行为将导致手机制造业的碳排放量持续攀升。

一部智能手机首年平均产生 85 千克碳排放，其中约 95% 来自生产流程。生产过程中的碳排放量主要取决于三个因素：可回收材料的使用比例、生产设施的节能效果以及可再生能源的利用程度。例如，回收锡、钴和铝等材料能有效减少对矿石开采的需求，使用风能、太阳能等清洁能源可显著降低碳排放。在第二至第五年，智能手机的碳排放总量降至 8 千克。最终报废阶段的碳排放量则主要取决于其组件是否易于循环利用。以一部内存为 128GB 的 iPhone16 Pro 手机为例，其全生命周期共产生 66 千克二氧化碳排放。其中，生产环节的碳排放量约占 81%，运输环节约占 3%，使用环节约占 17%。（注：因四舍五入，百分比总和不等于 100%）

每部新手机的生产都意味着新一轮资源开采与能源消耗的开始。

这个例子说明，延长手机使用寿命本身就是一种环保行为。

藏在山水间的"数字心脏"

瑞典吕勒奥凉爽干燥的气候使管理人员能直接利用室外空气来冷却园区内数以万计的服务器

2013 年，Facebook 公司（现已改名 Meta）在瑞典北部城市吕勒奥建立了一座数据中心。该地距离北极圈仅 100 公里，自 1961 年以来气温超过 30 ℃ 的时间不足 24 小时，冬季平均气温低至 –20 ℃，堪称天然"冰柜"。工程师充分利用这一地理优势，通过巨型风扇将极地寒风引入机房，与服务器产生的热空气进行循环交换，使整体能耗降低了近 40%。

微软的 Natick 项目则是一次更为大胆的实验。2018 年，微软公司将服务器封装进 12 个密封舱，沉入苏格兰附近海域。得益于海水持续稳定的自然冷却效果，864 台服务器中仅有 8 台出现故障，故障率为陆地数据中心的八分之一。这一创新设计不仅节省了高达 90% 的冷却能耗，还通过缩短与沿海城市的数据传输距离，显著提升了网络加载速度。

Natick 项目团队成员在冲洗打捞上来的水下数据中心

我国首个洞库式数据中心——腾讯贵安七星数据中心坐落于贵州群山之中。该数据中心占地约 770 亩，隧洞面积超过 3 万平方米，可容纳 5 万台服务器。得益于贵州山区恒温恒湿的气候特点，加之特殊设计的山洞结构，洞内平均温度只有约 15℃，为数据中心提供了理想的自然冷却环境。冷空气从主洞口自然涌入，与服务器产生的热量交换后，通过山洞顶部的方形竖井排出，这一设计使整体能耗较传统数据中心降低了 30%。

阿里巴巴 2015 年启用的千岛湖数据中心将自然、城市、科技有机融合，通过抽取深层湖水循环制冷，90% 的时间无须额外耗电制冷，全年可节电数千万度，相当于减少 1 万吨标准煤的碳排放。更令人称道的是，湖水通过密闭管道流经服务器后，还能将余热输送至周边建筑用于供暖，真正实现了"一水两用"。2020 年，阿里巴巴在杭州建设的液冷数据中心更是将服务器"浸泡"在特殊冷却液中，节能效率高达 70%。

"杰文斯魔咒"重现

2010—2018 年，全球数据存储容量增长 26 倍，计算活动激增 550%，而电力需求仅上升 6%。这主要归功于技术的快速迭代：数据存储效率年均提升 20%，电能使用效率（PUE）从大于 2.0 降至 1.58，冷却系统能耗占比从 40% 压缩至 25%，辅助设备能耗更是锐减至 12%。但这一技术红利在 2018 年后逐渐消失。2023 年数据显示，全球数据中心平均 PUE 陷入停滞，法国等发达国家因基础设施老化，PUE 值甚至回升至 1.77，远超理论最优值 1.2。尽管部分顶级数据中心采用液冷技术将 PUE 值控制在 1.2 左右，但芯片产生的热量使冷却系统逼近物理极限。PUE 的停滞直接导致电力需求激增——2022 年，全球数据中心耗电量飙升至 460 太瓦时。

当传统节能手段面临瓶颈之际，芯片制造企业在硅基世界创造了新的奇迹：AI 芯片的能效实现了指数级跃迁，英伟达新一代芯片能耗仅为前代产品的八分之一，十年间算力累计提升 10 万倍。但这份看似亮眼的"成绩单"很快被现实吞噬——2023 年，

电能使用效率（Power Usage Effectiveness, PUE）是指数据中心总能耗与计算机设备总能耗的比值，是衡量数据中心能源效率的关键指标。PUE 值越接近 1，表明能源利用效率越高，意味着电能更多地被直接用于计算、存储等核心计算机设备，而非消耗在冷却系统、配电系统等辅助设备上。

能源足迹

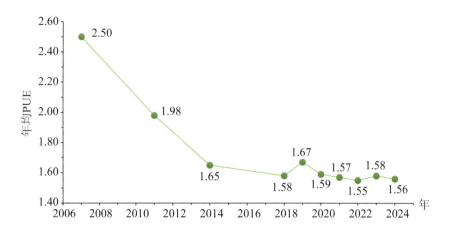

全球数据中心平均电能使用效率（2007—2024 年）（来源：Uptime Institute）

　　杰文斯悖论（Jevons Paradox）是 19 世纪英国经济学家威廉姆·斯坦利·杰文斯（William Stanley Jevons）提出的经济学现象，是指技术进步提高资源使用效率后，资源消耗速度不减反增。这一理论打破了"效率提升必然节约资源"的传统认知。最具代表性的例子是，瓦特改良的蒸汽机显著提升了煤炭燃烧效率，但生产的不断扩大导致煤炭消耗量出现大幅增长。

　　全球 AI 训练需求激增 300%，完全抵消了能效提升带来的好处。19 世纪的杰文斯悖论正在数字时代重演：就像蒸汽机效率的提升导致煤炭消耗量激增，AI 芯片的进化同样引发了电力需求的指数级增长。数据显示，ChatGPT 单次生成图像的能耗比传统搜索高 10 倍，若生成式 AI 全面替代传统搜索引擎，年耗电量将相当于 5 座核电站的产能。国际能源署（IEA）预测，到 2026 年，全球数据中心耗电量将达到 620—1050 太瓦时，相当于瑞典或德国全年的能源需求总量。

　　截至 2024 年，全球数据中心数量已突破 1 万座，其中 51% 集中在美国。以"全球数据中心之都"弗吉尼亚州劳登郡阿什本市为例，数据中心消耗了当地 25% 以上的电力。欧洲同样面临严峻挑战：法国数据中心的耗电量占全国总量的 10%，爱尔兰更是高达 20%。值得注意的是，单个数据中心建成仅需 1—2 年，而配套电网升级却需 4—10 年，这种速度上的差距进一步加剧了电力供需矛盾。

　　面对缓慢升级的电网与快速崛起的 AI，可再生能源的供应速度已无法满足数据中心的扩张需求。为此，科技巨头纷纷将目光转向核能以寻求突破：微软斥巨资重启三哩岛核电站；法国政府计划投入千亿欧元发展核电，将其打造成 AI 发展的能源基座；OpenAI 与甲骨文（Oracle）等公司联合推出的"星际之门"项目更是规划建设 5 座核电站，以支撑其超大规模数据中心的能源需求。

数据中心相当于一个超大规模的机房，存放着大量服务器、存储设备、网络设备以及其他相关物理基础设施。

什么是"东数西算"？

"东数西算"即我国的"东数西算"工程。"数"指数据，"算"代表算力，即数据处理能力。该工程旨在构建数据中心、云计算和大数据一体化的新型算力网络体系，将东部地区的算力需求有序引导至西部地区。

目前，我国的数据中心主要集中于东部地区。然而，随着土地、能源等资源日益紧张，东部地区大规模发展数据中心面临瓶颈。相比之下，西部地区拥有丰富的能源，尤其是风能、太阳能、水能等可再生能源，在发展数据中心、承接东部算力需求方面具有显著优势。

实施"东数西算"工程既能充分利用西部地区的清洁能源，减少碳排放，推动绿色经济发展，又能缩小东西部发展差距，促进区域协调发展。

生态账单的真相

你将了解：

石油泄漏对海洋生态系统的危害

灯光正在改变生物的生活习性

"地球一小时"活动能节约多少电

当海面漂浮的石油让鱼儿窒息，当城市的霓虹灯让候鸟迷失方向，人类终于读懂了能源狂欢背后的生态账单。这些创伤并非发展的必经之路，而是技术伦理的警示——每一次环境危机都在向我们叩问：发展的边界在哪里？

海洋里也有沙漠

作为地球上最大的生态系统，海洋在维持生态平衡和气候稳定方面发挥着重要作用。然而，随着人类活动的不断增加，这片蓝色家园正面临前所未有的威胁，其中海上漏油问题尤为严重。

海洋沙漠化效应，又称油膜效应，是海洋生态环境的一大杀手。每年，因海上运输、船舶事故以及沿海炼油厂泄漏，数百万吨原油和废油流入海洋，在海面上形成厚厚的油膜。最新研究表明，人类设施造成的海面浮油约占全球浮油总面积的 94%。这层油膜如同一块巨大的塑料布，将海水与空气隔绝：一方面，抑制海水蒸发，导致海面空气变得干燥；另一方面，阻碍潜热向大气转移，致使海洋上空的最高温和最低温变化幅度增大。同时，油膜还会阻挡阳光照射，导致作为海

一只浑身沾满厚重油污的褐鹈鹕

2010 年，一艘船停泊在墨西哥湾"深水地平线"漏油事故造成的油污带上。

洋食物链基础的浮游植物无法进行光合作用，进而影响其他海洋生物的生存。

此外，原油中含有的苯、甲苯、二甲苯等多种有毒成分会被海洋生物吸收或摄入，导致其中毒、窒息甚至死亡。原油还会附着在海洋生物的体表，使其失去保温、游泳或飞行的能力。更严重的是，原油往往会在海洋中存在数十年之久，并在洋流、风浪和潮汐的作用下不断扩散，最终对整个海洋生态系统造成破坏。

1991 年海湾战争造成的石油污染是海洋沙漠化效应的典型案例之一。战争期间，超过 100 万吨原油流入波斯湾，形成大面积黑色油膜。这些油膜覆盖了珊瑚礁岛屿，导致鱼类和虾类无法生存和繁殖；沿岸的海藻和甲壳类动物因中毒大量死亡，约三分之一的海鸟因此丧生。这场生态灾难不仅重创了波斯湾的海洋生态系统，还对当地的渔业和旅游业产生了长期负面的影响。

原油是从地下直接开采的未经提炼或加工的石油。石油是一个更宽泛的概念，不仅包括原油，还涵盖通过炼油工艺从原油中提炼出的各类成品油，如汽油、柴油、煤油、润滑油等。

海洋沙漠化效应在相对封闭的海域表现得尤为明显，如地中海、波斯湾、波罗的海等。

北极鳕鱼为何越长越小？

　　美国地质调查局数据显示，北极地区蕴藏着全球近四分之一的未开发油气资源。这一巨大能源储备引发了俄罗斯、美国、加拿大、丹麦、挪威等环北极国家的激烈争夺。随着北极冰川加速消融，该地区的船舶交通和石油开采活动日益频繁，石油泄漏的风险也随之增加，北极海洋生物面临严重威胁。

在洁净海水中发育的对照组幼鱼（上）和鱼卵发育阶段短暂接触微量原油的实验组幼鱼（下）（图源：NOAA Fisheries）

　　以北极地区最主要的鱼类——鳕鱼为例，其鱼卵通常漂浮在海面附近，并在海冰下或冰缘度过早期生命阶段，而这些区域恰恰是石油泄漏的高发地带。

在巴伦支海捕获的鲜鳕鱼

　　为了评估石油泄漏对北极鳕鱼的潜在危害，科学家进行了实验室模拟研究。结果显示，石油污染对鳕鱼的影响分为即时和延时两种：即时影响表现为高浓度油污导致鳕鱼胚胎在孵化前死亡或出现畸形；延时影响表现为低浓度油污造成幼鱼生长迟缓（体型比正常鳕鱼小25%—30%）和脂肪代谢异常（无法有效储存脂肪），严重影响其冬季生存能力。

　　作为北极食物网的关键物种，鳕鱼数量减少将直接影响其捕食者（如海鸟和海洋哺乳动物）的生存。此外，石油泄漏还可能对海冰、浮游生物等造成长期影响，进一步加剧北极生态系统的脆弱性。

　　海上钻井始于19世纪90年代的美国加利福尼亚州，并在全球范围内迅速发展，但随之而来的是频繁的漏油事故。其中最严重的是2010年墨西哥湾"深水地平线"石油平台爆炸事件，导致约490万桶原油泄漏，污染海域面积近10万平方公里，严重影响数千种海洋生物。据科学家统计，该事故造成6000多只海龟和8万多只海鸟死亡。尽管近年来漏油事故的频率和规模有所下降，但每次泄漏都对海洋生态系统造成了巨大而持久的危害。

当石油污染遇见海洋雪

在海洋表层，浮游动植物的残骸、粪便颗粒及其他有机碎屑会逐渐聚集形成小颗粒。这些颗粒达到一定重量后会沉入海底，形成海洋雪。通常情况下，海洋雪在下沉过程中会被细菌和微生物分解，释放出营养物质，为海底生物提供食物来源，同时参与深海生态系统的生物化学循环。此外，海洋雪还能将表层的碳输送至深海长期封存（可达数百年至数千年），这对降低大气二氧化碳浓度、缓解气候变化具有重要作用。

海星是底栖生物家族中的一员

然而，当发生漏油事故时，部分石油会附着在海洋雪上，形成海洋油雪，并随之沉降到海底。由于深海环境缺乏阳光，水流的作用也很小，这些石油的分解速度极其缓慢，可在海底长期存留。海洋油雪带来的危害是多方面的。首当其冲的是海洋底栖生物。底栖生物是生活于海底表面和沉积物中的生物。油雪会通过物理覆盖阻碍沉积物中氧气和营养物质的交换，导致底栖生物窒息或栖息地被破坏。同时，石油中含有的多环芳烃等有毒成分会抑制底栖生物和鱼类的生长，甚至导致其死亡。更严重的是，油雪进入食物链后，会通过生物富集作用向上传递，危害更高营养级的生物，最终导致整个海洋生态系统失衡。

头发的妙用

通常情况下，我们理发时剪下的头发会被回收用于制作假发。但在法国一些理发店，顾客的头发可能会被用于清理海洋油污。目前，已有3000多名美发师加入一个名为 Coiffeurs Justes 的环保组织。自2015年起，该组织成员便开始收集废弃的头发，装袋后送往工厂。在那里，工人们会将头发塞进尼龙袜，制成漂浮在海上的"吸油香肠"。

这些漂浮装置看似简单，实则蕴含着科学的奥秘。一方面，头发的特殊结构使其具有亲油性，能有效吸附石油等碳氢化合物。实验数据显示，这些"香肠"可吸收相当于自重8倍的油污。另一方面，头发的生产成本低，可生物降解，有取之不尽的来源（人类头发的生长速度约为每月1厘米）。

早起的鸟儿不一定勤奋

光污染，又称光害，是指人造光源的广泛使用破坏自然光周期（如昼夜循环和季节循环），改变夜间环境，进而对生物和生态系统造成潜在危害的现象。数十亿年来，地球上绝大多数生命都演化出与自然光周期同步的生物节律，这种节律几乎被编码在所有生物的 DNA 中。然而，人类发明的各种灯光打破了这一亘古不变的自然规律，不仅破坏了生态环境，还改变了生物的生活习性。

沙滩上，刚破壳的海龟幼崽本能地依靠海洋上空明亮的地平线来寻找大海。但人造光源常常误导这些幼崽，使其迷失方向。仅美国佛罗里达州，每年就有数百万只海龟幼崽因光污染而死亡。在距离沙滩不远处，水下人工照明则会影响海底生物的栖息地。研究发现，海鞘和海鬃等生物喜欢在照明面板附近安家，这意味着石油钻井平台、船只和港口的光源将改变它们的栖息地，并进一步影响海洋生态平衡。此外，光污染还会干扰珊瑚礁的月光周期，导致它们提前产卵，这可能会降低珊瑚卵受精率和幼体存活率，对珊瑚繁殖构成潜在威胁。

夜间迁徙或捕猎的鸟类通常靠月光和星光导航，但人造光源会干扰它们的判断，导致它们偏离航线，甚至误入危险的城市区域。据统计，全球每年有数百万只鸟因撞击照明建筑物或塔楼而死亡。此外，人造光源还会打乱候鸟的迁徙时间，使其错过最佳的筑巢和觅食时机。一项关于德国黑鸫的研究显示，长期暴露在交通噪声和人工照明环境中的城市黑鸫，其晨鸣时间比乡村同种鸟类平均提前 5 小时。这一现象表明，所谓"早起的鸟儿"很可能并不是因为勤奋，而是被城市的灯光"强制唤醒"。

夜间过强的光线还会抑制人体褪黑素的分泌，进而引发睡眠质量下降、疲劳、头痛、焦虑等一系列健康问题。这种被称为"黑暗荷尔蒙"的重要激素主要在夜间分泌，不仅能调节人体生物钟、促进睡眠，还具有抗氧化、免疫调节等多种生理功能。值得警惕的是，多项研究表明，夜间人造光与乳腺癌、前列腺癌的发病率上升存在关联。

光污染既破坏了生物的昼夜节律，影响了动物的繁殖、迁徙和觅食行为，也干扰了人类的生理功能。为了维护生态系统平衡和人类健康，我们必须科学管控人造光源的使用。

生物栖息地被人造光源切割得支离破碎

能源足迹

为地球献出一小时

世界自然基金会前总干事马尔科·兰贝蒂尼（Marco Lambertini）曾说："熄灭灯光是为了点亮思想。"

"地球一小时"（Earth Hour）是世界自然基金会发起的一项全球性环保运动，旨在唤起人们对气候变化和环境危机的关注，并鼓励大家采取实际行动。该活动于 2007 年 3 月 31 日晚在澳大利亚悉尼首次举行。当晚，超过 220 万户居民和 2000 家企业集体断电一小时。据组织方披露，在这短短一小时内，悉尼市的温室气体排放量减少了 10.2%。

参与活动的方式很简单：每年 3 月的最后一个周六晚上 8 点 30 分，无论你身在何处，只要关闭家中或办公室里不必要的电器一小时，就能为环保贡献一己之力。

虽然"地球一小时"活动在全球范围内获得了广泛支持，但围绕它的争议从未停息。一些批评者认为，该活动过于形式化，缺乏实际效果，难以真正解决气候变化的根本问题。随着活动影响力的扩大，许多企业赞助商将其视为营销机会，导致活动逐渐偏离初衷。还有人质疑，关灯一小时并不能真正节约电能，因为发电厂的设备仍在正常运转。反之，关灯可能造成电网负荷波

2023 年"地球一小时"活动期间太空视角下的地球

动，影响供电稳定性。此外，关灯行为容易让公众产生误解，将短时节能等同于环保，却忽视了日常生活中的持续性能源浪费，如电子设备待机、商品过度包装等。

支持者们则强调，该活动的核心价值在于引起公众对气候危机的关注。通过集体行动，人们开始思考个人选择与地球环境的关系。以 2023 年的"地球一小时"活动为例，全球 190 多个国家和地区、7000 余座城市的参与，以及社交媒体上高达数百万次的 #EarthHour 话题讨论，成功地将环境议题推向公众视野。一项针对 10 个国家 274 场"地球一小时"活动的调查表明，活动期间电力消耗平均减少 4%。由此可见，"地球一小时"不仅具有象征意义，还能带来切实的环保成效。

> 商品塑料包装的原材料主要源于石油，但也涉及天然气、煤炭及少量生物基材料。

一小时可节约多少能源

国家能源局 2024 年数据显示，我国全年用电量达 9.9 万亿度，其中城乡居民生活用电占比 15%，约 1.5 万亿度。经估算可知，全国平均每小时用电量约为 11 亿度。按 1 吨标准煤发电约 3000 度计算，若在全国范围内实施"地球一小时"活动并关闭所有非必要电器设备，理论上可节约 37 万吨标准煤。但考虑到实际参与率和医院、交通信号灯等刚性用电需求，实际节约的电量可能低于理论值。若仅计算占全国全年用电量 15% 的居民生活用电部分，则可节约标准煤近 6 万吨。

节约近 6 万吨标准煤看似成效显著，但关灯一小时真的能节约能源吗？要回答这个问题，我们需要先了解电是如何到达千家万户的。

电力系统由发电厂、输电线路、变电站、配电网络和用电设备共同构成。其运行机制是将煤炭、天然气、水能等一次能源转化为电能，再通过输电、变电和配电等环节输送至千家万户。值得注意的是，电力系统具有"即发即用"的特点，由于电能无法大规模存储，发电、输电、配电和用电等环节必须同时完成。因此，当用电需求突然下降（如大规模关灯）而发电量未能及时调整时，多余的电能往往只能被浪费。

> 按一年 365 天计算，一年共计 8760 小时（365 天 × 24 小时 / 天），全国平均每小时用电量约为 11 亿度（9.9 万亿度 ÷ 8760 小时），节约标准煤约为 37 万吨（11 亿度 ÷ 3000 度 / 吨）。

> 居民生活用电约为 1.65 亿度（11 亿度 × 15%），节约标准煤为 5.5 万吨（1.65 亿度 ÷ 3000 度 / 吨）。

> 一次能源是自然界中直接可用的能源，无须人为加工或转化。

能源足迹

那么，是否可以让发电厂暂时休息一下呢？我们再来看另一组数据：2024年我国火电装机容量达14.4亿千瓦，水电4.4亿千瓦，风电5.2亿千瓦，太阳能8.9亿千瓦，核电0.6亿千瓦。这些数据表明，火力发电仍是我国最主要的发电方式。然而，大型火力发电厂的启动和停机过程通常需要6—12小时，频繁启停不仅会显著增加能耗，还会加速设备老化。因此，仅为应对"地球一小时"期间的短暂用电下降就关停电厂，既不经济也不现实。

实际上，"地球一小时"活动的真正意义不在于节约多少电，而是通过这一小时的黑暗体验，引发人们对能源使用的思考，增强环保意识，从而推动可持续生活方式的养成。

关灯只是一个开始，超越才是目标；关灯只是一个象征，行动才是关键；关灯只是一个时刻，未来才是方向。要实现真正的环保与节能，我们必须重新审视自己的生活方式，将这一小时延伸到日常生活的每一天。

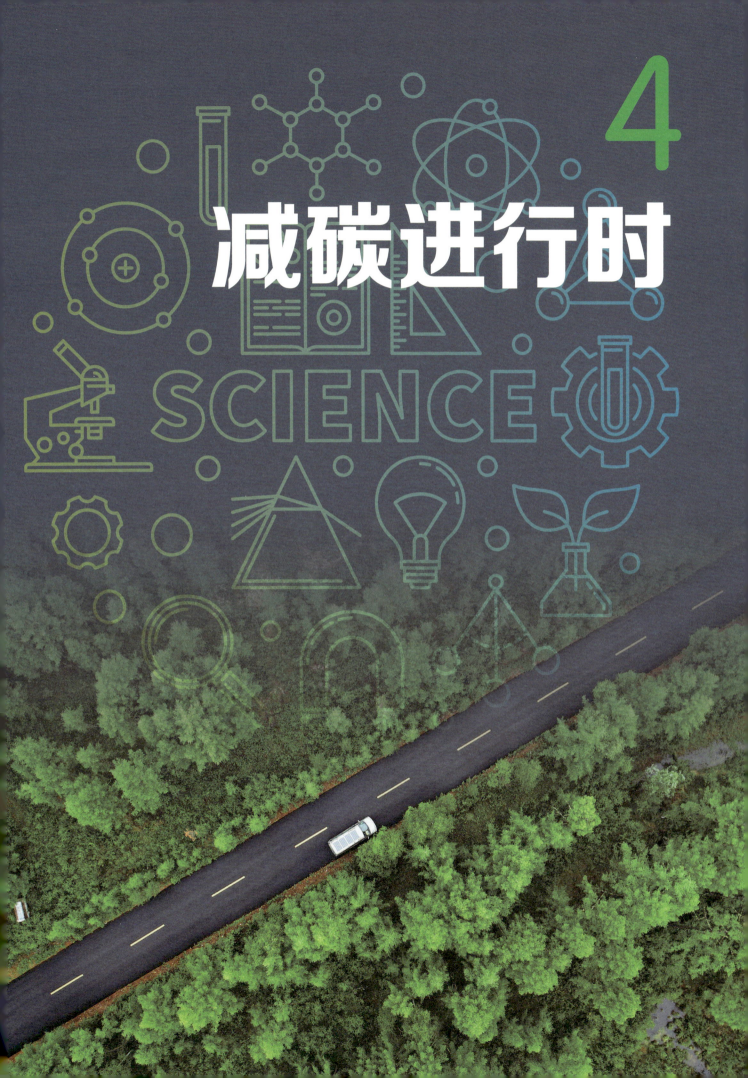

4

减碳进行时

SCIENCE

拉响高温警报

你将了解：

全球平均气温屡创新高

海洋与南北极变得越来越热

当热浪席卷城市，当冰川支离破碎，当珊瑚苍白如骨，地球正用最直观的方式述说着工业文明的代价。短短 200 年，人类便重现了自然需要上万年才能完成的变化。气候变暖已不再是预言，而是我们亲手酿成的苦果。

没有最热，只有更热

2025 年初，美国国家海洋和大气管理局（NOAA）、伯克利地球研究所（Berkeley Earth）、英国气象局哈德利中心（Hadley Centre）以及欧盟哥白尼气候变化服务局（Copernicus Climate Change Service）等全球多家权威科研机构通过独立分析得出一致结论：2024 年成为自 1850 年有观测记录以来最热的年份，多项关键气候指标刷新历史纪录。我国发布的数据同样证明了这一点：国家气候中心统计结果显示，2024 年我国春季平均气温 12.3 ℃，夏季平均气温 22.3 ℃，秋季平均气温 11.8 ℃，均为 1961 年以来历史同期最高。

2024 年，全球多地接连爆发极端高温事件，造成了巨大的生命和财产损失。在沙特阿拉伯

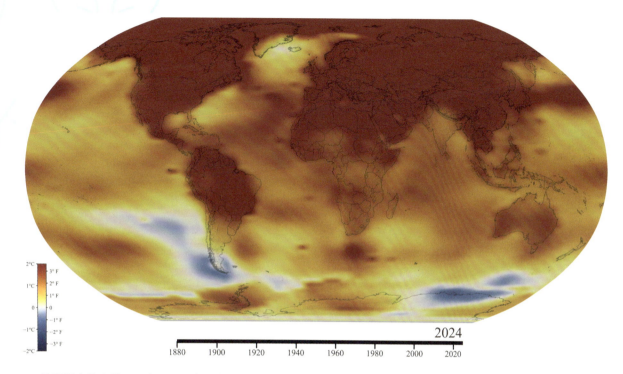

美国国家航空航天局（NASA）公布的2024年全球地表温度异常值分布图。该图显示了全球各地区温度相对于20世纪温度基线（1951—1980年平均值）的偏离程度。白色区域表示与温度基线持平，红色和橙色区域表示高于温度基线，蓝色区域表示低于温度基线。（图源：NASA's Scientific Visualization Studio）

麦加，夏季最高气温飙升至51.8 ℃，仅6月的一天就有1300余名朝觐者不幸遇难；在印度，45 ℃以上的极端天气持续了一个多月，最高气温甚至达到52.9 ℃，数百人中暑死亡；美国则遭遇"野火之年"，极端高温叠加干旱天气致使野火频发，过火面积创下近十年新高；在南美洲亚马孙河流域，多条河流水位降至历史最低点……这一桩桩极端高温事件，不仅是气候变化敲响的警钟，更是对人类发展模式的深刻拷问。

> 过火面积是指被火烧过的区域，无论其火烧程度如何，都被视为受害区域。

　　自工业革命以来，人类对地球表面的改造达到了前所未有的规模。大片的森林和草原被砍伐、开垦，取而代之的是农田、城市、工厂和矿场。这些失去植被保护的土地不仅丧失了吸收和储存二氧化碳的能力，每年更释放出超过30亿吨二氧化碳，相当于全球化石燃料碳排放量的十分之一。在土地利用变化与化石燃料使用的双重作用下，当前大气二氧化碳浓度比工业革命前水平上升约50%。科学家警告称，若这一趋势持续，到本世纪末，大气中的二氧化碳浓度可能再升高50%。

隐形的"气候罪犯"

甲烷是仅次于二氧化碳的第二大温室气体

看似宁静的牧场风光背后隐藏着一个惊人的事实：悠闲吃草的牛羊其实是不折不扣的"气候罪犯"。那么，它们是如何影响气候的呢？

首先，牲畜（尤其是牛羊等反刍动物）的胃肠道内寄居着大量微生物，这些微生物在分解食物时会产生甲烷，并通过牲畜打嗝、放屁等方式释放到大气中。值得注意的是，甲烷是一种强效温室气体，其排放后 20 年内的增温效应是二氧化碳的 84 倍，即便 100 年后仍可达到 28 倍。

其次，为了保持畜牧业的稳定发展，全球每年需开垦大量土地用于饲料作物种植。这种大规模的土地利用变化加剧了温室气体排放：一方面，当森林、草原等自然生态系统转变为牧场或农田时，土壤中储存的碳会释放到大气中；另一方面，农田中化肥的使用会产生一氧化二氮等温室气体，其增温效应是二氧化碳的 265 倍。

最后，牲畜的粪便若处理不当，也会成为温室气体的重要来源。在储存和分解过程中，粪便会释放甲烷和一氧化二氮，从而进一步加剧气候变化。

随着全球人口对肉类需求的持续增长，畜牧业的环境压力与日俱增。然而，通过技术创新、科学管理和政策支持，我们已经能够显著降低该行业的温室气体排放。从优化饲料配方到改进粪便管理，从推广可持续放牧到发展循环农业，每项措施都将为减缓气候变化贡献力量。

沸腾的海洋

超过 90% 的由温室气体引起的额外热量被海洋吸收。

海洋作为地球气候系统的"调节器"，在缓解全球变暖中扮演着重要角色。它不仅吸收了太阳辐射的大量热能，还吸收了大部分温室气体排放产生的额外热量。可以说，正是因为海洋的存在，大气温度的飙升才得以缓解。

2025 年初，由中国科学院大气物理研究所牵头，全球 31 个研究机构的 54 位科学家组成的国际研究团队发布报告称，2024

年全球海洋表面平均温度和海洋上层 2000 米的海水热含量刷新了人类观测记录的最高值。海洋逐年变暖已成为一种"新常态"。

多个研究机构的数据显示，2024 年全球海洋上层 2000 米的海水热含量较 2023 年增加了 16±8 泽塔焦耳。这一能量规模相当惊人——以我国 2023 年全社会用电总量为基准，若将 16 泽塔焦耳的热量完全转化为电能，其能量储备足以支撑我国 400 多年的用电需求。

1 泽塔焦耳 $=10^{21}$ 焦耳

然而，海洋持续吸收如此巨大的热能并非好事。随着海水温度的上升，海洋环流和海气相互作用发生变化，进而导致全球气温和降雨模式异常。例如，海洋升温会导致热带气旋增强，路径发生改变，极端风暴袭击陆地的频率大幅增加。同时，海洋变暖对海洋生物的生存构成了直接威胁。海水温度上升导致与珊瑚共生的藻类大量死亡，进而引发珊瑚礁白化现象。更糟糕的是，由于吸收了大量二氧化碳，海洋正在以前所未有的速度酸化，这进一步抑制了珊瑚礁的生长。据联合国环境规划署估计，全球已有 25%—50% 的珊瑚礁遭到破坏。若不能有效控制温室气体排放，到 2100 年，全球所有海域的珊瑚礁都可能消失。

海气相互作用是指海洋与大气间物质和能量持续交换、相互影响的过程。

珊瑚礁是海洋生态系统中最为脆弱的环节之一

极地的莫尔斯电码

2022 年 12 月，联合国大会通过一项特殊的决议，将 2025 年确定为国际冰川保护年，从 2025 年起每年 3 月 21 日为世界冰川日。

作为气候变化的敏感区和脆弱区，南北两极的升温速度为全球平均水平的 2 至 3 倍。

作为气候变化的"警示灯"，冰川消融现象已引发全球广泛关注。在洋流的作用下，低纬度地区升温的海水被输送至南北两极，导致冰川底部持续融化，从而加速冰盖消融。事实上，这种由海水温度上升引起的冰川消融，其破坏性远超大气升温导致的表层融化。最新研究表明，被称为"末日冰川"的南极思韦茨冰川若全部融化，将导致全球平均海平面上升 65 厘米。

格陵兰冰盖是世界第二大冰盖，面积约为 180 万平方公里，仅次于南极冰盖。每年 6 月至 8 月是格陵兰冰盖的消融期，但近年来受全球变暖影响，其融化速度不断加快。据美国有线电视新闻网（CNN）报道，2022 年 7 月 15—17 日，格陵兰冰盖流失的冰量达到 180 亿吨，相当于 720 万座奥运会标准游泳池的蓄水量。2024 年 NASA 的一项研究显示，过去 40 年，这片"白色大陆"的面积已缩减超过 5000 平方公里。

格陵兰冰盖的加速融化并非孤立现象。NOAA 发布的《2024 年北极报告单》以触目惊心的数据再次敲响警钟：2024 年北极平

冰芯中的"活化石"

冰芯气泡中的气体成分和含量揭示了大气成分的演化历史

在南极洲和格陵兰岛，数千米厚的冰层中封存着无数古气候、古环境信息，如火山喷发产生的尘埃、古生物碎屑以及来自太空的陨石。其中最珍贵的莫过于那些保存着数百万年前地球大气成分的微小气泡，它们是名副其实的"活化石"。

通过分析冰芯中的气泡，科学家可直接读取数百万年来大气二氧化碳浓度变化的数据。目前钻取到的最古老的冰芯已有 270 万年的历史。研究发现，当时的大气二氧化碳浓度仅为现在的 75%。

冰芯研究不仅带领我们回溯地球的过去，为预测未来气候变化提供科学依据，更让我们深刻地认识到当前气候危机的紧迫性。

西伯利亚永久冻土层上的"地狱之门"巴塔盖卡坑正以每年 14 米的速度扩张,不断吞噬着因冻土融化而松动的土地。2020 年 6 月,其所在的维尔霍扬斯克地区测得 38 ℃ 的高温,打破了北极圈内有记录以来的最高温纪录。

均气温位列历史第二高位,此前九年已连续刷新高温纪录;北冰洋 8 月平均海面温度较 1991—2020 年的平均值升高 2 ℃—4 ℃,导致浮游生物繁殖异常;受野火肆虐的影响,北极苔原已由吸收碳的"绿肺"转变为排放碳的"烟囱";驯鹿种群数量在高温影响下骤减 65%……

与此同时,南极大陆正在上演一场史无前例的"绿色入侵"。NASA 卫星数据显示,过去 35 年,南极半岛的植被覆盖面积激增 12 倍。冰川退缩后裸露的岩石成为外来物种的跳板,100 余种入侵植物在此扎根,试图改写南极的生态密码。

凡此种种,都是地球用莫尔斯电码向人类发出的警告。卫星影像上每一个像素的变化都在提醒我们:即便是"地球上最后的净土",也难逃气候多米诺骨牌效应的连锁冲击。

碳也可以买卖

你将了解：

碳交易的定义

碳交易的运作方式

如何通过技术手段减少碳排放

"2021 年 7 月 15 日，上海环境能源交易所发布公告称，根据国家总体安排，全国碳排放权交易于 7 月 16 日开市。9 点 30 分，首笔全国碳交易已经撮合成功，价格为每吨 52.78 元，总共成交 16 万吨，交易额为 790 万元。"

在日常生活中，我们通常用货币购买商品，但许多人可能不知道碳也能买卖。这听起来有点不可思议，但在全球气候变化背景下，碳确实已成为一种可交易的特殊商品。

碳交易是什么

碳交易，又称碳排放权交易，是一种通过市场机制减少温室气体排放的政策工具，其核心目标是减少化石燃料使用，缓解全球变暖趋势。简单来说，碳交易就是将二氧化碳排放权当作商品进行买卖。

碳交易的概念最早可追溯至 1997 年通过的《京都议定书》。该议定书规定，碳排放量低于限额的国家可将剩余额度卖给超额排放的国家，由此形成以二氧化碳排放权为商品的全球交易市场。这一创新机制不仅鼓励各国减少温室气体排放，还为减排技术的发展与推广提供了经济动力。

　　我国自 2013 年起在北京、上海、天津、重庆、湖北、广东、深圳、福建等地开展碳排放权交易试点工作。经过多年的探索实践，2021 年 7 月，全国统一碳排放权交易市场正式启动，上海环境能源交易所成为全球最大的碳交易场所。这一举措标志着我国在积极应对气候变化、推动绿色低碳发展方面迈出了重要的一步。

《京都议定书》的前世今生

　　作为应对气候变化的首个国际公约，《联合国气候变化框架公约》于 1992 年在联合国环境与发展大会上通过。不过，这个公约并未设定具体的强制性减排目标。为了遏制全球变暖趋势，1997 年 12 月，《联合国气候变化框架公约》第三次缔约方会议在日本京都召开，149 个国家和地区的代表通过了《京都议定书》。根据该议定书的要求，2008—2012 年，主要工业发达国家的温室气体排放量需在 1990 年的基础上平均减少约 5%。由于各国的批准程序复杂，《京都议定书》直到 2005 年才正式生效。

　　《京都议定书》继承了《联合国气候变化框架公约》确立的"共同但有区别的责任和各自的能力"原则，强调发达国家应承担更多的减排义务，因为它们在历史上对大气中温室气体的积累负有主要责任。

　　《京都议定书》在人类历史上首次以法律形式限制温室气体排放，并设定强制性减排目标。它不仅为《巴黎协定》等后续国际气候谈判奠定了基础，更凭借开创性的制度设计成为全球气候治理的重要里程碑。

如何进行碳交易

碳交易是一种通过市场机制减少温室气体排放的有效手段。其具体运作方式如下：政府或国际组织先设定碳排放上限，以确定碳交易市场的规模。接着，政府向企业或其他组织发放一定数量的碳排放配额或信用额度。这些配额和额度可在市场上自由买卖，从而形成市场激励机制。能够通过节能减排降低碳排放的企业可出售多余配额，以获得经济收益；而无法完成减排目标的企业则需购买额外配额，以弥补其超额排放部分。

以 2005 年启动的欧盟碳排放权交易体系为例，其核心是政府设定碳排放上限并向企业发放相应配额。若企业在年末未能上缴足够配额，将面临高额罚款。

我们可通过一个简单的例子进一步理解碳交易的运作机制。假设某地有两家企业：A 公司和 B 公司。当地政府为每家企业分配了 1000 吨 / 年的碳排放配额。到年底时，B 公司因采用节能减排技术，实际仅排放 900 吨二氧化碳，剩余的 100 吨配额可在碳交易市场出售；而 A 公司由于扩大生产，排放量达到 1100 吨，超出配额 100 吨，需从碳交易市场购买 100 吨配额。最终，B 公

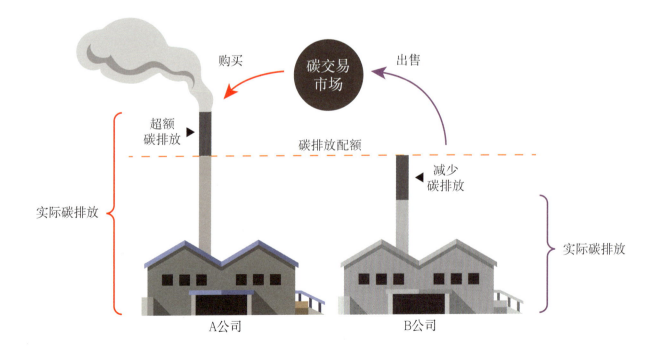

司出售的 100 吨配额正好满足 A 公司的需求，两家企业的总排放量仍控制在 2000 吨，未超出政府设定的总配额。当然，现实中的碳交易涉及更多参与方，交易规则和监管机制也更复杂。

作为应对气候变化的重要手段，碳交易在实施过程中仍面临诸多挑战。首要难题在于碳排放配额的确定与分配——发达国家和发展中国家在历史上的碳排放贡献存在显著差异，配额是否也应该不同？如果是，又该如何分配？此外，还需要建立完善的监管机制，确保交易透明、公平、公正，防止企业虚报排放量、操纵市场价格等违规行为。例如，一些企业可能会隐瞒实际排放量，少买或多卖碳排放配额，从中牟取不正当利益，这将严重破坏市场的有效性。

目前，全球已建立起多个碳交易体系，如欧盟的碳市场、美国部分州的碳市场等。这些市场的规则、标准和价格机制各不相同。在此背景下，如何实现全球碳市场互联互通，促进跨境碳交易，成为国际社会亟待解决的关键议题。

> 不同国家和地区的经济发展水平、历史排放责任各不相同，如何公平合理地确定和分配碳排放配额，是一个需要深入探讨的议题。

碳捕集与碳封存

在碳交易市场中，通过技术手段减少碳排放的企业往往能获得显著竞争优势。碳捕集与封存（CCS）技术正是其中一种重要手段。

碳捕集是指通过一系列物理和化学方法，将生产过程中产生的二氧化碳分离并集中处理的技术，即从源头拦截二氧化碳。碳封存则是将捕集的二氧化碳封存起来，防止其进入大气。目前，碳封存技术主要包括地质封存、海洋封存和生物封存。

> 碳捕集与封存的英文是 Carbon Capture and Storage，简称 CCS。

地质封存就是将二氧化碳压缩成液态，然后注入油田、气田等地质构造中。研究表明，经过科学选址和严格管理的封存点可确保注入的二氧化碳稳定封存 1000 年以上。海洋封存是指通过轮船或管道将二氧化碳运输至深海海底封存。这种技术风险较大，一旦泄漏可能导致海水酸化，对海洋生态系统造成严重破坏。与前两种技术相比，生物封存利用植物的光合作用将大气中的碳储存在植被中，实现起来相对容易。

开采石油通常是将水注入油层,用水来驱赶原油。而二氧化碳的驱油效率比水高40%,采油成本比水低20%,封存率一次达到60%—70%,既能提高石油产量,又能将二氧化碳封存于地下,兼具经济效益与生态效益。

尽管 CCS 技术被视为应对气候变化的重要手段,但它目前仍处于发展和试验阶段,需要克服成本、应用、风险等一系列现实挑战。例如,美国的一项调查显示,为现有工业设施和发电厂配备 CCS 技术可能导致电力成本增加 50% 以上。部分 CCS 技术通过将捕集的二氧化碳注入油井来提高石油采收率,但与此同时采集的石油又会释放更多的二氧化碳到大气中。此外,二氧化碳注入过程可能引发地震,并对地下水质和地层稳定性造成影响。

总体而言,当前 CCS 技术尚不成熟,如何提高捕集效率、降低能耗与成本、确保封存的长期安全性,都是需要进一步研究和解决的问题。

二氧化碳"变"淀粉

2021 年,中国科学院天津工业生物技术研究所在淀粉人工合成领域取得重大突破——首次在国际上实现了从二氧化碳到淀粉分子的全合成。这一成果不仅为解决粮食安全和环境问题开辟了新路径,也为碳捕集与利用带来了新思路。

研究团队采用类似搭积木的方法:先用化学催化剂将高浓度二氧化碳在高密度氢能的作用下还原成碳一(C1)化合物;接着,基于化学聚糖反应原理,将碳一化合物聚合成碳三(C3)化合物;再通过生物途径优化,将碳三化合物聚合成碳六(C6)化合物,最终合成直链和支链淀粉(Cn 化合物)。令人惊叹的是,这一人工途径的淀粉合成速率是自然界中玉米淀粉合成速率的 8.5 倍。

根据目前的技术参数推算,在能量供给充足的条件下,理论上 1 立方米大小生物反应器的年产淀粉量相当于 5 亩玉米地的年均淀粉产量。这一原创性突破使淀粉生产有望从传统农业种植模式转向工业化车间生产模式。

大自然的"碳银行"

你将了解：

大自然拥有强大的碳汇能力

蓝碳生态系统正面临严重威胁

一头鲸鱼的生态价值高达数百万美元

虽然科学家已开发出多种碳封存技术，但与地球庞大的生态系统相比，人工碳封存的规模仍显得微不足道。大自然拥有强大的调节能力，可通过森林、草地、土壤、海洋等生态系统吸收并储存二氧化碳。这种"收集"碳的能力被称为天然碳汇。由于碳汇能有效降低大气中的温室气体浓度，因此保护和增加天然碳汇成为减缓全球变暖的重要途径之一。

大自然的碳汇宝藏

碳汇（Carbon Sink）是指通过自然或人工方式吸收并长期储存大气中二氧化碳的系统或过程。与之相对的是碳源。我们可以形象地将碳汇比作地球的"吸碳海绵"，碳源则是"排碳烟囱"。要降低大气中的二氧化碳浓度，关键在于减少碳源、增加碳汇，最终使两者的差值为零。

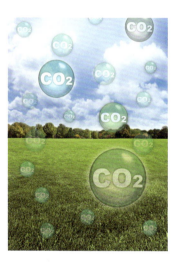

成年人每小时呼出的二氧化碳约为 38 克，而生长良好的草坪每小时每平方米可吸收约 1.5 克二氧化碳。因此，25 平方米的草地即可吸收一个人呼出的全部二氧化碳，同时还能产生氧气。

能源足迹

森林碳汇

　　森林是最重要的碳汇之一，能将大量碳储存在植物体和土壤中。然而，当森林发生火灾或树木被砍伐并焚烧时，其碳汇功能减弱甚至丧失，原本储存的碳会重新释放到大气中。

砍树也能减碳？

　　森林与人一样也有年龄之分。根据树龄，森林通常可分为幼龄林、中龄林、近熟林、成熟林和过熟林五类。

　　研究表明，林木每生长 1 立方米，平均可吸收 1.83 吨二氧化碳。虽然成熟林枝叶茂盛，光合作用强，但由于生长速度缓慢，木材质量下降，其固碳效果并不理想。相比之下，年轻林木生长速度较快，固碳能力更强。此外，成熟林木易受病虫害或真菌侵扰，导致枝干腐烂，使储存的碳重新释放到大气中。

　　科学实践表明，适当砍伐过熟林木，并将其制成可长期储存的木制品（如家具、建筑材料等），既能有效"锁"住碳，又能为快速生长的年轻林木腾出空间。这种"以旧换新"的方式在一定程度上提升了森林的储碳能力。

　　由此可见，砍树并不一定意味着破坏环境，科学管理森林资源有助于我们实现减碳的目标。

大兴安岭林海

草地碳汇

草地也是地球上重要的碳汇之一。其表面覆盖着茂密的草本植物，地下则富含大量的土壤有机质，能储存相当多的碳。草地的碳汇功能在维持生态平衡和减缓气候变化方面具有重要作用。

土壤碳汇

土壤是由空气、水分、矿物颗粒以及分解的动植物有机质构成的复杂生态系统。当动植物死亡后，它们体内的有机碳通过微生物的分解作用进入土壤。随着时间的推移，这些碳可能会转化为岩石、矿物，甚至在特定条件下形成化石燃料。

农田碳汇

作为人类利用最广泛的土地类型之一，农田不仅提供粮食，还蕴藏着巨大的碳汇潜力。科学的作物种植和土壤管理措施，如轮作休耕、秸秆还田等，可有效提升土壤有机质含量，从而增强农田的储碳能力。

轮作休耕是指在一定时期内采取的以保护、养育、恢复地力为目的的更换作物（轮作）或不耕种（休耕）的措施。

湿地碳汇

湿地是陆生生态系统与水生生态系统之间的过渡地带，不仅拥有丰富的生物量，还具有强大的储碳功能——常年积水形成的缺氧环境，能抑制植物残体的分解，使大量有机碳得以埋藏与储存。湿地虽然仅占地球表面积的 6%，却储存着全球约三分之一的土壤有机碳，因此也被誉为"地球之肾"。然而最新研究显示，当全球平均气温上升 1.5 ℃—2 ℃ 时，湿地的碳汇功能将被削弱 50% 以上。

2022 年 6 月 1 日颁布的《中华人民共和国湿地保护法》明确定义："本法所称湿地，是指具有显著生态功能的自然或者人工的、常年或者季节性积水地带、水域，包括低潮时水深不超过六米的海域，但是水田以及用于养殖的人工的水域和滩涂除外。"

海洋碳汇

海洋是地球上最大的碳汇之一，通过接收河流输入的颗粒有机碳和溶解有机碳，以及直接吸收大气中的二氧化碳，形成了庞大的储碳系统。据估计，海洋的碳储量是陆地的近 20 倍、大气的 50 倍，在全球气候调节中发挥着不可替代的作用。然而，随着海洋吸收的二氧化碳不断增加，海水正变得越来越酸。数据显示，自工业革命以来，全球海水酸度已显著上升 30%。

森林、湿地与海洋并称为地球三大生态系统。

中国让世界更绿了

NASA 卫星观测数据显示：2000—2017 年，全球植被面积增加了 5%，相当于一个亚马孙雨林的规模。令人惊讶的是，中国和印度贡献了全球新增植被面积的三分之一。这一发现打破了人们的刻板印象，即地球变绿主要由发达国家主导。事实上，正是这两个人口最多的发展中国家，通过植树造林和提高农业效率，为全球绿化作出了巨大贡献。

研究发现，中国的植被面积仅占全球的 6.6%，却贡献了全球 25% 的新增绿化面积。在中国变绿的过程中，森林和农业用地分别贡献了 42% 和 32% 的绿化面积。相比之下，印度 82% 的新增绿化面积来自农业用地。

这一成就离不开我国持续开展的一系列生态保护与修复工程。从"三北"防护林到退耕还林，这些原本旨在减少土地退化、降低空气污染和应对气候变化的工程不仅实现了预期目标，还成功恢复了大量森林资源，成为世界变绿的重要推动力。

神奇蓝碳在哪里

2021 年 6 月 8 日，世界海洋日暨全国海洋宣传日主场活动在山东青岛举行。活动现场，自然资源部第三海洋研究所、广东湛江红树林国家级自然保护区管理局和北京市企业家环保基金会共同签署了"广东湛江红树林造林项目"碳减排量转让协议，标志着中国首个蓝碳项目交易成功落地。

近年来，"蓝碳"概念逐渐进入公众视野，成为全球应对气候变化的重要议题。这一概念的正式提出可追溯至 2009 年联合国环境规划署、粮农组织及教科文组织政府间海洋学委员会联合发

布的《蓝碳：健康海洋固碳作用的评估报告》。与陆地上绿色植物
通过光合作用固定的绿碳不同，蓝碳是利用海洋生态系统固定和
储存的碳，其范围涵盖从滨海湿地、河口、近海、浅海到深远海的
整个海洋生态系统，碳储存形式主要为沉积物碳和生物碳。

联合国政府间气候变化专门委员会（IPCC）将蓝碳定义为
"易于管理的海洋生态系统所有生物驱动的碳通量及存量"。在众
多海洋生态系统中，红树林、海草床和滨海盐沼因其强大的储碳
能力而备受关注。这三大生态系统分布广泛，不仅能适应滨海地
区剧烈的盐度和温度变化，还能通过发达的根系抵御潮汐和波浪
的侵蚀，从而促进有机物的沉积和快速积累。值得注意的是，我
国是世界上少数几个同时拥有红树林、海草床和滨海盐沼这三大
蓝碳生态系统的国家之一。

数据显示，红树林、盐沼和海草床仅占海床总面积的 0.5%，
生物量也只有陆地生物量的 0.05%，但它们每年的碳储量却占海
洋碳储量的一半以上，是名副其实的高效碳汇。以红树林和盐沼
为例，其固碳速度是热带雨林的 3 至 5 倍，清除大气中二氧化碳
的速度更是热带雨林的 10 倍。而海草床虽然只占世界海底面积
的 0.1%，却储存了海洋中 11% 的有机碳。

此外，蓝碳生态系统还具有极高的生产力和生物多样性。它
们既是鱼类产卵和幼鱼生长的重要栖息地，又具有净化水质、提
供教育和休闲场所等重要功能。正因为如此，蓝碳生态系统被视
为基于自然的解决方案的关键组成部分。

> 基于自然的解决方案
> （Nature-based Solutions, NbS）
> 是近年来兴起的新概念。世
> 界自然保护联盟将其定义为
> "通过保护、可持续管理和修
> 复自然或人工生态系统，从而
> 有效和适应性地应对社会挑
> 战，并为人类福祉和生物多样
> 性带来益处的行动"。NbS 已
> 成为当前解决气候变化、修复
> 生态环境最重要的方法和理
> 念之一。

四川若尔盖湿地是我国面积最大的高寒泥炭湿地，也是重要碳汇之一。

一群白鹭在海南东寨港红树林湿地休憩

红树林：海洋的"绿肺"

红树林并不是指某种特定的植物，而是指以红树植物为主体的常绿乔木和灌木组成的湿地木本植物群落。这类植物最显著的特征是根系发达，通常生长在热带与亚热带的海岸潮间带。红树林的外观通常是绿色的，但由于其体内含有大量单宁酸（一种有机化合物，在红酒中的含量尤为丰富），单宁酸与空气接触后会氧化，使枝干呈红褐色，因而得名"红树林"。

红树林不仅能净化海水，还具有防风消浪、抵御海啸和台风的重要功能，是沿海地区的天然屏障。值得一提的是，其固碳能力比陆地上的森林高出 3 至 4 倍，平均每公顷的碳储量可达上千吨，被誉为应对气候变化的"海洋绿肺"。目前，一些地方和相关机构正积极开展红树林保护修复项目，通过开发基于红树林的碳汇交易、生态养殖和生态旅游等创新模式，逐渐将红树林变为"金树林"。

我国红树林面积虽仅占全球 0.2%，但红树植物种类约占全球三分之一。在这个生态宝库中还有大量鸟类、两栖动物、无脊椎动物和鱼类，它们对光线变化十分敏感。最新研究显示，1992—2020 年，我国东南沿海地区受光污染影响的红树林面积增加了 1.2 万公顷，受影响比例从 12% 大幅上升至 52%。正如前文所述，夜间光污染会扰乱生物的昼夜节律，导致生物多样性下降，而这将进一步加剧红树林生态系统的脆弱性。

我国首次为红树林生态系统投保

2022 年 9 月 1 日，福建省福鼎市林业局为全市红树林生态系统购买了一份特殊的保险，承保公司将为投保区域内的红树林提供高达 1875 万元的风险保障。

红树林生长缓慢，存活率低，易受自然灾害、有害物种入侵和病虫害威胁。加之其修复和补种难以通过大规模机械化操作实现，人工修复成本高昂。为此，福鼎市林业局与保险公司合作开发了专门针对红树林生态系统的保险产品。该保险不仅涵盖常规的自然灾害和意外事故，还特别将有害物种入侵和病虫害对红树林造成的破坏纳入保障范围。

这是我国首次为红树林生态系统投保，也是国内保险行业首款生态保护类保险产品。这一举措开创了生态保护与金融保险相结合的先河，为绿色金融发展提供了新思路。通过引入市场机制，红树林的保护和修复工作获得了更广泛的社会支持和更稳定的资金保障。

盐沼：潮汐间的"碳捕手"

滨海盐沼通常位于潮间带上部，具有周期性被潮水淹没的特点。这是一个复杂而独特的生态系统：表层水体呈碱性，沉积物盐分含量较高，生长着芦苇、碱蓬、柽柳等耐盐植物。在多种生态要素的协同作用下，盐沼的固碳速度远超陆地生态系统。数据显示，每公顷盐沼平均每年可埋藏 2—5 吨碳，其碳捕集与封存潜力可见一斑。

然而自 21 世纪初以来，全球盐沼面积不断缩减。盐沼的消失不仅造成生态系统退化，还释放出大量储存的碳，导致大气中的温室气体浓度上升。随着海平面上升，盐沼被迫向内陆迁移，但海堤建设等人类活动阻碍了其迁移路径。这种"沿海挤压"现象导致盐沼分布面积持续萎缩。科学家警告，若不及时采取有效措施，盐沼可能从重要碳汇转变为碳排放源。

碱蓬草铺就的自然奇观——辽宁盘锦红海滩

能源足迹

被子植物（又称有花植物、开花植物）是现代陆地生态系统的主要基石，其光合作用的产物构成了地球生物圈能量的主要来源。

海草床：海底的"生态哨兵"

海草床，又称海草草甸，是一种或多种海草大面积连片生长形成的独特生态系统。作为地球上唯一一类可完全生活在海水中的被子植物，海草广泛分布于除南极洲以外的各大洲浅海水域，最深可达 90 米。海草床具有多重生态功能，如稳定海底、储存有机碳、为海洋生物提供栖息地和食物来源，以及降低海浪对海岸的冲击力。

海草床是世界上单位面积植被生物量最多的生态系统之一，其生产力甚至超过热带雨林。研究表明，全球海草床沉积物中储存的有机碳总量相当于红树林与盐沼碳储量之和。与红树林和盐沼不同，海草床生长在海底，难以通过卫星遥感或肉眼直接监测，必须借助潜水或水下摄像等技术手段。正因为如此，目前科学家对全球海草床总面积的估值相差甚远，范围从 16 万平方公里到

海草床有"海底草原"之称

海藻与海草

日常生活中，我们常吃的海带、紫菜和裙带菜因外形似草，常被误认为是海草。事实上，它们都属于海藻。海藻与海草虽然仅一字之差，但在生物学分类、形态结构和生态功能上存在显著差异。

福建霞浦的渔民晾晒海带

海草属于高等植物，具有根、茎、叶的分化。它们根系发达，能牢牢地固定在海底沉积物中，并通过叶片细胞进行光合作用。海草既能进行有性繁殖，也能进行无性繁殖。这类植物通常生长在浅海区域，形成茂密的海草床，为海洋生物提供重要的栖息地和食物来源。

海藻属于低等植物，没有根、茎、叶的分化，所有细胞都能进行光合作用。大多数海藻通过一种被称为假根的结构将自己固定在岩石或珊瑚礁等坚硬的基质表面。它们的繁殖方式较为简单，主要通过孢子进行无性繁殖。海藻种类繁多，形态各异，既有微小的单细胞藻类，也有大型褐藻（如海带）。

值得注意的是，一些海草因名称中带有"藻"字（如大叶藻、虾形藻等），容易被误认为是海藻。为了便于研究、管理和科普，在2014年召开的第十一次国际海草生物学研讨会上，我国学者将3科7属16种以"藻"命名的海草统一更名为"草"，如"大叶藻"改为"大叶草"，"虾形藻"改为"虾形草"。

160万平方公里不等。但即便按最保守的16万平方公里估算，全球海草床每年仍可吸收超过1亿吨二氧化碳。

自19世纪以来，全球盐沼面积已减少约25%；20世纪40年代至今，地球上30%—50%的红树林已经消失；自20世纪90年代以来，全球海草床面积锐减近半。据专家估算，这三大关键生态系统正以惊人的速度持续退化：红树林每年减少3%，盐沼每年减少1%，海草床每年减少高达7%。保护蓝碳生态系统不仅是应对气候变化的重要举措，更是保护海洋生物多样性、促进沿海地区可持续发展的关键所在。

一鲸落而万物生

海洋中生活着数以亿计的浮游植物，它们与陆地上的绿色植物一样，能够吸收二氧化碳，并通过光合作用将其转化为有机物和氧气。这些微小的浮游植物构成了海洋食物链的基础：初级消费者（如小型鱼类、甲壳类动物和浮游动物）以它们为食；而次级消费者（如中型鱼类）又以初级消费者为食；最终，顶级捕食者（如海豚、虎鲸和大白鲨）通过捕食次级消费者，将碳传递至食物链顶端。当这些海洋生物死亡后，其遗骸会沉入海底，将体内储存的碳带入深海。这种通过浮游植物的光合作用将二氧化碳转化为有机碳，并经由食物链和食物网储存在海洋中的过程，被称为"生物泵"或"生物碳泵"。前文提到的海洋雪正是生物泵的关键环节。

作为海洋食物链顶端的生物，鲸鱼是生物泵重要的参与者之一。当鲸鱼死亡后，其庞大的尸体会沉入海底，这一现象被称为"鲸落"。鲸鱼尸体富含有机质，能为深海生态系统提供丰富的营养来源。据估算，一头 40 吨重的鲸鱼尸体沉入海底，其分解产生的有机质相当于同等面积海床自然积累 2000 年的有机质总

作为全球碳循环的重要组成部分，生物泵在减缓全球变暖方面发挥着重要作用。

在生物学研究中，鲸落不仅指鲸鱼的尸体，还包括其坠落过程以及最终形成的独特生态系统。

美国插画师阿曼多·维维（Armando Veve）为《纽约客》杂志上的《鲸鱼的死后生活》一文创作的插图

量。因此，鲸落被视为深海生态系统的"生命绿洲"。

　　鲸鱼尸体的分解过程十分漫长。当尸体抵达海底后，深海蟹等食腐动物会在半年至一年内清除其90%以上的软组织。随后，甲壳类、多毛类等小型动物以残余的鲸鱼尸体和骨骼为栖息地，依靠食物残渣生存。当鲸鱼尸体被啃食得只剩下骨架时，厌氧细菌会分解其骨骼中的脂类物质并产生硫化氢。化能自养细菌利用硫化氢大量繁殖，又养活了许多与之共生的小型生物，这一过程可持续数十年甚至上百年。最终，鲸鱼的骸骨逐渐转化为礁岩，为海底生物提供长期的栖息地。

　　大型鲸鱼一生平均能储存33吨二氧化碳，这些碳在其死亡后会被固定在海底长达数百年。此外，鲸鱼的排泄物中含有丰富的铁、氮等元素，能有效促进浮游植物生长。研究表明，与鲸鱼活动相关的浮游植物生产力每提高1%，每年就可多捕集数亿吨二氧化碳。鉴于鲸鱼在碳循环和生态系统中的重要作用，国际货币基金组织（IMF）估计，一头大型鲸鱼的生态价值可超过200万美元。

　　海洋的生物泵与鲸落现象展现了自然界碳循环的复杂与精妙。浮游植物和鲸鱼不仅是海洋生态系统的重要组成部分，更是地球碳循环的关键参与者。

　　化能自养细菌是一类独特的微生物。它们既不依赖阳光获取能量，也不依靠有机营养物生存，而是通过氧化简单的无机化合物来获取化学能。这种独特的代谢方式使它们能在深海热液喷口、冷泉等极端环境中繁衍生息。

让碳排放归零

你将了解：

与碳中和相关的术语

全球平均气温升高 1.5 ℃将对我们产生难以逆转的影响

一项由全球数十名顶尖科学家参与的研究预测，到 2028 年初，人类活动排放的二氧化碳可能导致全球平均气温较工业化前水平上升 1.5 ℃，《巴黎协定》设定的全球升温控制目标岌岌可危。面对这一严峻现实，"碳中和"已从专业术语转变为悬于人类文明头顶的达摩克利斯之剑。

从碳术语到碳行动

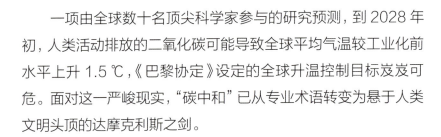

碳达峰与碳中和合称"双碳"。

碳中和（Carbon Neutral）是指企业、团体或个人通过植树造林、节能减排等方式，抵消自身产生的二氧化碳排放量，从而实现二氧化碳"零排放"。简言之，当个人或组织排放到大气中的二氧化碳量等于移除的二氧化碳量时，就称为碳中和，因为最终贡献的二氧化碳量为零。碳达峰则是指二氧化碳排放量不再增长，达到峰值后逐步回落。

需要说明的是，二氧化碳本身无害——它既是地球上大部分生物呼吸的产物，也是植物进行光合作用的原料。当企业和政府谈论碳中和时，通常指某类特定的碳，最常见的就是化石燃料燃烧所释放的二氧化碳。

"碳中和"概念最早可追溯至 1997 年，是人类认识到温室效应的危害后产生的。2006 年，《新牛津美语词典》将"碳中和"评为年度词汇，并于次年正式收录"Carbon Neutral"一词。此后，"碳中和"走进大众的视野，不再只是环保组织和环保主义者使用的专业术语。

随着全球气候变化形势日益严峻，2015 年通过的《巴黎协定》首次将发展中国家纳入减排之列，并明确规定了全球升温控制目标。2018 年 10 月，IPCC 呼吁各国采取行动，努力将 21 世纪全球升温幅度控制在 1.5 ℃之内。我国在第七十五届联合国大会上宣布，将提高国家自主贡献力度，采取更加有力的政策和措施，二氧化碳排放力争于 2030 年前达到峰值，努力争取 2060 年前实现碳中和。

> 《巴黎协定》指出，各方将加强对气候变化威胁的全球应对，把全球平均气温较工业化前水平升高控制在 2 ℃之内，并为把升温控制在 1.5 ℃之内而努力。

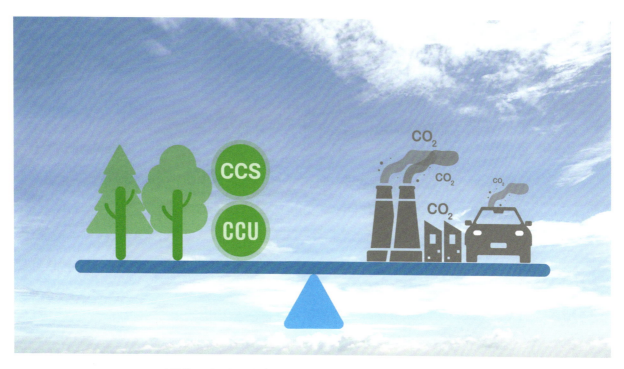

碳捕集、利用与封存（CCUS）是实现碳中和目标的必要手段

能源足迹

在 2023 年举行的《联合国气候变化框架公约》第二十八次缔约方会议上，120 多个国家签署了"全球可再生能源和能源效率承诺"，同意到 2030 年将全球可再生能源发电装机容量增加 2 倍，并将全球能源效率年平均增长率从约 2% 提高到 4% 以上。

在碳中和进程加速推进的背景下，一系列新术语应运而生，如负碳、碳抵消、净零排放。这些碳术语不仅能帮助我们更好地理解碳排放的分类和管理方式，也为应对气候变化提供了明确的目标和行动路径。

碳抵消是一种平衡碳排放的工具，其核心是通过投资减少二氧化碳或其他温室气体排放的项目来平衡自身的碳排放量。这类项目可转化为可交易的碳信用，供其他组织购买。例如，一家企业通过投资风能或太阳能发电厂来替代燃煤发电，从而获得碳信用。

净零排放强调碳排放与碳清除的平衡。当一个组织通过内部减排措施和外部抵消手段，使其碳排放量等于碳清除量时，就实现了净零排放。提高能源效率、使用可再生能源、植树造林或购买碳信用等都有助于实现净零排放。

负碳是超越净零排放的更高目标。当一个组织通过特定手段主动从大气中移除二氧化碳，并将其储存或转化为其他物质时，就可以说该组织实现了负碳。

计算碳足迹

我们的日常生活无时无刻不在产生二氧化碳。无论是乘坐交通工具出行，还是在家看电视、开空调，抑或是在工作、学习中使用电子设备和网络，都会直接或间接地消耗能源，并排放大量二氧化碳。这些排放量的总和构成了我们的碳足迹（Carbon Footprint），它反映了每个人对气候变化的影响。

碳足迹与碳中和之间有着密切的联系。碳足迹是量化个人或组织对气候变化影响的工具，碳中和则是通过各种手段实现二氧化碳净零排放的目标。两者相辅相成，共同构成应对全球气候变化的重要环节。了解碳足迹是环境保护的第一步。通过计算和分析，我们能识别出哪些活动对环境的负面影响较大，进而采取有效的减排措施。

例如，我们每天吃的食物在被端上餐桌前就已经产生了大量温室气体。从作物种植、加工、包装到运输，每个环节都会留下碳足迹。当这些食物腐烂或被丢弃时，又会释放更多温室气体。联合国粮农组织的数据显示，全球每年约有 13 亿吨食物被浪费，占粮食总产量的 30%。如果将食物浪费比作一个国家，它将成为世界上第三大温室气体排放国。

如果能杜绝食物浪费，全球碳排放量将减少 8%。

碳足迹与收入的关系

研究表明，高收入人群的碳足迹远高于低收入人群。2010 年，全球 10% 的富裕家庭贡献了 34% 的碳排放量，而 50% 的低收入人群仅贡献了 15%；到 2015 年，这一差距进一步扩大，高收入人群的碳排放量占比升至 49%，而低收入人群则降至 7%。是什么原因造成了这种差异？我们可以从住房、消费和交通三个方面进行分析。

在住房方面，高收入人群通常拥有更大的居住面积和更多的电器设备（如空调、暖气、大容量冰箱等），这些设备需要消耗大量能源。此外，这类人群往往更依赖烘干机、洗碗机等高能耗的便利设施。相比之下，低收入人群的住房条件较为简单，能源消耗也相对较低。

减少碳足迹从衣食住行开始

在消费方面，高收入人群倾向于购买更多的商品和服务，包括电子产品、时尚服饰、进口食品等。这些商品在生产、运输和处置过程中都会产生大量碳排放。而低收入人群的消费主要集中在生活必需品上，消费规模较小，碳排放量也较低。

在交通方面，高收入人群通常使用私人汽车、飞机等碳排放量较高的交通工具。频繁的商务飞行和豪华汽车的使用都会显著增加碳足迹。而低收入人群主要依靠公共交通、步行或骑行等低碳出行方式。

从全球范围看，发达国家的高收入人群占据了碳排放的绝大部分，而发展中国家的低收入人群碳排放量相对较低。这种现象不仅反映了全球收入不平等问题，更揭示了全球资源分配的不平衡。

能源足迹

目前，全球人均碳足迹约为每年 4 吨，但不同国家和地区之间存在显著差异。发达国家的人均碳足迹远高于发展中国家。例如，一个英国人两周的碳排放量相当于一些非洲国家一个人全年的碳排放量。其中，美国以每年 16 吨的人均碳排放量位居世界首位。

那么，我们应该如何计算碳足迹呢？碳足迹的计算通常采用生命周期评估法。所谓生命周期，是指产品或服务从生产到消亡的全过程。以汽车为例，其碳足迹包括制造、行驶、维修以及报废回收等环节直接或间接产生的所有碳排放量之和。目前已有多个组织和机构开发出易于操作的碳足迹计算工具。这些工具大多是免费的，能帮助普通人轻松了解自身生活方式的碳排放情况。表 3 列出了一些在线碳足迹计算工具，感兴趣的读者可尝试计算自己的碳足迹。

表 3　常用在线碳足迹计算器

名称	网址	特点
联合国碳足迹计算器	https://offset.climateneutralnow.org/footprintcalc	由联合国气候中和计划支持；涵盖个人、家庭及中小企业碳排放核算，支持交通、能源、废弃物等模块；提供碳抵消项目链接，可直接购买减排量
碳足迹计算器	https://www.carbonfootprint.com/	支持个人、企业及活动碳足迹计算；内置各国电力碳排放因子；提供企业碳管理方案及认证服务

1.5 ℃：地球宜居性的临界点

2025 年 1 月，欧盟哥白尼气候变化服务局发布新闻公报称，2024 年全球平均气温比工业化前（1850—1900 年）水平高出 1.57 ℃。尽管该机构强调，1.5 ℃ 是指多年的长期变暖趋势而非某个月或某一年的短暂升温，但这一数据无疑为我们敲响了气候危机的警钟。

这意味着 2024 年成为首个突破《巴黎协定》1.5 ℃温控目标的年份。

1.5 ℃ 不仅是《巴黎协定》设定的理想温控目标，更是维持地球宜居性的关键阈值。2014—2023 年，人类活动导致的温室气体排放已将全球平均气温推高 1.2 ℃。科学研究显示，目前全球气温正以每 10 年超过 0.2 ℃ 的速度上升，按照这一趋势，2030 年前"正式"突破 1.5 ℃ 温控目标的可能性极高。而地球上次出现类似的高温还是在 12.5 万年前。

为什么是 1.5 ℃？

2015 年，195 个国家签署了《巴黎协定》。该协定的核心目标是将全球变暖控制在"远低于"2 ℃ 以内，并"努力"将升温限制在更安全的 1.5 ℃ 范围内。这一目标的设定基于科学研究和气候风险评估，并非随意决定。

虽然《巴黎协定》并未明确界定"工业化前时期"的具体时间范围，但科学家普遍以 1850—1900 年为参照期。这是最早拥有全球陆地和海洋温度观测数据的时期，且人类尚未大规模使用化石燃料。当时全球平均气温尽管有所波动，但基本稳定在 13.5 ℃ 左右。IPCC 指出，全球气温较工业化前水平升高 1.5 ℃ 将给某些地区和脆弱的生态系统带来高风险。因此，1.5 ℃ 被视为一道关键防线。如果能保持在这一防线以下，就有可能避免因升温 2 ℃ 导致的更严重且不可逆的气候影响，包括更频繁的极端天气事件、海平面上升和生态系统崩溃。

麻省理工学院全球变化科学与政策联合项目副主任谢尔盖·帕尔采夫（Sergey Paltsev）强调："1.5 这个数字本身并无特殊意义，它只是一个各方商定的理想目标。将升温控制在 1.4 ℃ 比 1.5 ℃ 更好，1.3 ℃ 又比 1.4 ℃ 更好，以此类推。没有任何科学证据表明，气温上升 1.51 ℃ 一定会导致世界末日；同样，将升温控制在 1.49 ℃ 也不意味着能消除气候变化的所有影响。但可以确定的是，温控目标设定得越低，气候变化带来的风险就越小。"

能源足迹

极端高温是所有极端天气中导致死亡人数最多的。

全球气温每上升 0.1 ℃都会引发连锁反应。当前 1.2 ℃的升幅已导致极端热浪发生频率增加 5 倍。数据显示：2000—2019年，每年约有 48.9 万人死于高温。一旦气温上升突破 1.5 ℃，有可能引发格陵兰冰盖消融、永久冻土层甲烷释放、珊瑚礁大规模灭绝等一系列生态灾难，其影响跨越世代：海平面上升需要数千年才能恢复，而海洋酸化将永久改变整个海洋生态系统。

全球变暖研究中的女性力量

富特将装满二氧化碳的玻璃容器置于阳光下，由此发现二氧化碳浓度更高的环境温度更高。

2021 年，诺贝尔物理学奖首次授予气候学家——真锅淑郎（Syukuro Manabe）和克劳斯·哈塞尔曼（Klaus Hasselmann），以表彰他们"建立地球气候物理模型、量化气候变化以及可靠预测全球变暖"的贡献。但事实上，关于气候变化的研究可追溯至更早时期。

2010 年，美国一位退休地质学家在 1857 年出版的《科学发现年鉴》中发现一篇题为《影响太阳光线热量的环境》的论文摘要。经考证，这可能是最早将二氧化碳浓度与气温升高联系起来的研究，比爱尔兰物理学家约翰·丁达尔（John Tyndall）的相关研究还早三年。令人惊讶的是，论文作者尤妮斯·富特（Eunice Foote）是一位女性科学家。

1856 年 8 月 23 日，富特的论文在美国科学促进会大会上首次亮相。受限于当时的社会环境，她未能亲自宣读论文，而是由物理学家约瑟夫·亨利（Joseph Henry）代为宣读。值得注意的是，富特获得这一机会完全得益于其丈夫的协会会员身份。在论文结尾处，富特前瞻性地指出："若地球历史上某一时期大气中的二氧化碳浓度高于当前水平，必将导致全球气温上升。"令人遗憾的是，无论是富特的论文还是亨利的报告，均未被收录进会议论文集。她于同年 11 月发表在《美国科学与艺术杂志》上的正式论文也未获得应有的关注。

亨利教授在宣读论文前的开场白意味深长："科学无国界，亦无性别之分。女性的世界里不仅有美丽与实用，更包含真理。"但理想与现实之间存在巨大的鸿沟。即便在一个半世纪后的今天，女性在科学领域的声音仍然常常被忽视。要真正实现科学领域的性别平等，我们任重道远。

吉林省延边州的光伏发电站

解决方案已摆在我们面前：淘汰化石燃料。作为全球气候变暖的主要元凶，化石燃料贡献了75%以上的温室气体。然而，现实极为严峻：当前剩余的碳预算（2500亿—2750亿吨二氧化碳）将在2030年前耗尽，而各国规划的化石燃料开采规模已超出1.5℃温控目标允许量的一倍以上。要实现全球1.5℃的温控目标，必须严格限制油气开采，这将导致石油和天然气公司市值缩水25%。而一旦升温超过1.5℃成为常态，随之而来的气候灾难有可能使这些公司市值暴跌60%。尽管未来数十年这些油气开采项目将面临更大的商业风险和利润下滑，但没有人愿意放弃眼前的利益。联合国报告指出，按照当前趋势，到21世纪末，全球气温将上升3℃。

2023年联合国气候变化大会首次达成"减少对化石燃料的依赖"这一全球共识，但各国实际行动力度仍不及目标要求的一半。从红树林修复到智能电网建设，从碳捕存技术到能源转型机制，人类已掌握所有技术手段，唯独缺乏集体行动的决心。1.5℃不仅是温控目标，更是对人类文明的终极考验。面对12.5万年来最炎热的星球，答案显而易见：每延迟一年行动，我们的后代将付出更沉重的代价。

结语：比特与瓦特
——人类社会的下一场考验

能源是文明的血液，环境是生命的摇篮。从煤炭驱动工业革命到电力点亮数字时代，人类不断突破能源利用的边界，但也为此付出了沉重的环境代价——温室气体水平飙升、极端天气事件频发、生物多样性锐减。我们逐渐认识到，能源的获取和消耗必须与地球的承载力相适应。就在人类致力于修复与自然的关系之际，我们迎来了 AI 元年：从 2022 年的 ChatGPT 到 2025 年的 DeepSeek，突飞猛进的 AI 技术不断为我们打开新世界的大门。然而必须承认的是，AI 是一把双刃剑，它在催生新机遇的同时，也带来了不容忽视的风险与挑战。

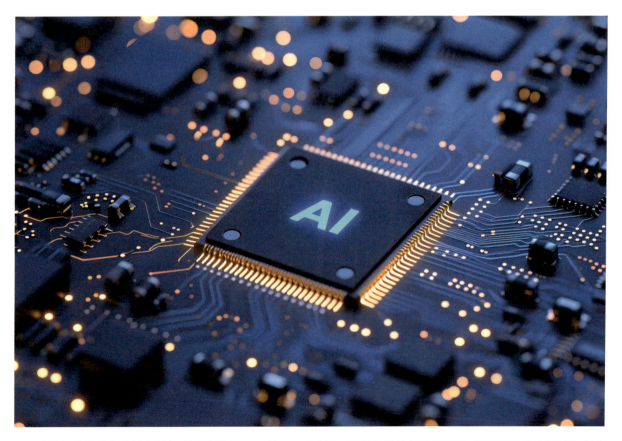

谷歌智能体业务主管奥马尔·沙姆斯（Omar Shams）指出，虽然芯片技术至关重要，但能源供应才是制约 AI 长期发展的关键因素。

从智能革命到"电力黑洞"

AI 的"智慧"需要持续、大量的能源支撑。谷歌前 CEO 埃里克·施密特（Eric Schmidt）曾发出警告：若不采取行动，到 2028 年，美国数据中心的巨大电力需求可能会耗尽国家的能源储备。由此可见，如今 AI 发展不仅受限于硬件和软件的迭代更新，更面临"电力黑洞"的能耗困境。以训练 OpenAI 大模型 GPT-6 为例，预计将使用 10 万块 H100 芯片，其峰值功耗相当于一座小型发电厂的全部输出，若集中部署甚至可能导致区域电网瘫痪。而这仅仅是 AI 发展与能源消耗问题的冰山一角。

根据国际能源署的测算，全球数据中心、AI 以及加密货币行业的能耗占全球总用电量的 2%。随着 AI 模型的复杂化和普及化，这一数字正以指数级态势攀升。其中尤为严峻的是，数据中心冷却系统的能耗占比高达 40%。以 2020 年的数据为例，全球大型数据中心的 PUE 值约为 1.6，即计算机设备每消耗 1 度电，其辅助设备就需要额外消耗 0.6 度电。这个例子凸显了发展节能技术和推广新能源的紧迫性。

此外，AI 发展还可能与气候变化形成恶性循环。首先，日益频繁的极端天气事件正持续削弱电网基础设施的稳定性。其次，AI 系统对稳定电力供应的需求进一步加大了能源系统的压力。最后，当我们为满足 AI 的"胃口"而不得不持续燃烧化石能源发电时，又有可能加剧温室气体的排放，进而对气候变化产生新的负面影响。

在共生中寻找答案

AI 与能源之间的矛盾，折射出人与自然和谐共生的永恒命题。AI 的真正价值不是取代人类，更不是帮助人类征服自然，而是赋能人类以更智慧的方式与自然共生。从精准预测灾害到优化资源分配，从调控交通运输到研发生物医药，将 AI 技术转化为"向善"的力量，正是人类与地球环境和解的关键。我们既不能因噎废食，放弃 AI 在医疗、教育、农业和气候治理等关键领域的创新价值，也不能听之任之，坐视 AI 成为吞噬地球未来环境的"电力巨兽"。每一度电的选择，每一项技术的应用，都在重塑地球生态的未来图景。而人类文明最终走向何方，取决于当下每个人的意识与行动。

爱因斯坦曾说："我们不能用制造问题的同一思维来解决问题。"面对 AI 发展与能源消耗之间的矛盾，人类正在探索多维度的解决方案。例如：我国计划到 2032 年实现数据中心 100% 可再生能源供电，其中液冷技术、模块化数据中心等创新技术方案已成功降低冷却能耗；小型模块化核反应堆和分布式可再生能源（如风能、光伏等）的普及，将为 AI 提供更多、更清洁的能源选择。更具突破性的是，AI 本身也可成为节能的助手：谷歌借助 AI 优化电网运行，微软利用 AI 加速核电站审批流程。这些例子生动地诠释了技术反哺能源系统的可能性。

　　然而，仅仅依靠技术无法化解当前 AI 发展所引发的一系列能源与环境问题。除了政策制定者需要推动跨部门、跨行业甚至跨国界的能源与技术协作，企业需要切实承担碳减排责任之外，社会公众也应当重新审视如今便利生活背后的环境成本。AI 带来的挑战不是人类文明发展的终点，而是开启绿色新纪元的起点。唯有以科学为舟、以责任为帆，我们才能在能源革命与气候危机的激流中，驶向人与自然和谐共生的美好未来。

成为未来的塑造者

将低碳理念融入生活实践

　　展望碳中和时代，青少年正以创新者的姿态重塑能源未来。在塞拉利昂，17 岁的杰里迈亚·索龙卡（Jeremiah Thoronka）发明了一种可将来往车辆和行人的振动转化为电力的道路装置，为电力短缺的社区带来了清洁能源。在阿塞拜疆，15 岁的雷汗·贾马洛娃（Reyhan Jamalova）设计了一种利用雨水发电的智能装置，为降水丰富的地区提供了可持续能源解决方案。在南美洲，一群年轻人发起了名为"拯救亚马孙"（Saving the Amazon）的环保项目，通过与当地原住民深度合作，共同保护亚马孙雨林。公众可在平台捐赠认领树木，由当地社区负责种植和维护。该举措不仅有助于减缓气候变化，还为当地居民创造了就业机会。以上这些充满活力的创新实践无不改变着世界能源的格局。

　　合上这本书时，希望你能感受到：每一次轻踏单车，都是与大地的深情相拥；每一粒被珍视的稻谷，都在延续阳光的馈赠。让我们共同期待，当下个世纪的孩子仰望星空时，银河依然璀璨，极光依旧绚烂，而地球母亲的能源之书永远有着翻不完的精彩篇章。